W0221493

Ingrid Köthe

Arbeitsbuch für die Tiermedizinische Fachangestellte

Band 3:
Lernfeld 9–12

schlütersche

Bibliografische Information der Deutschen Bibliothek

Die Deutsche Bibliothek verzeichnet diese Publikation in der Deutschen Nationalbibliografie; detaillierte bibliografische Daten sind im Internet über http:/dnb.ddb.de abrufbar.

ISBN 978-3-89993-046-7

Ingrid Köthe
Schulzentrum Bremen-Walle, Berufsschule für Gesundheit Bremen

© 2009, Schlütersche Verlagsgesellschaft mbH & Co. KG, Hans-Böckler-Allee 7,
30173 Hannover

Alle Rechte vorbehalten. Das Werk ist urheberrechtlich geschützt. Jede Verwertung außerhalb der gesetzlich geregelten Fälle muss vom Verlag schriftlich genehmigt werden.

Die beschriebenen Eigenschaften und Wirkungsweisen der genannten pharmakologischen Präparate basieren auf den Erfahrungen der Autorin, die größte Sorgfalt darauf verwendet hat, dass alle therapeutischen Angaben dem derzeitigen Wissens- und Forschungsstand entsprechen.
Der Verlag und die Autorin übernehmen keine Haftung für Produkteigenschaften, Lieferhindernisse, fehlerhafte Anwendung oder bei eventuell auftretenden Unfällen und Schadensfällen. Die den Produkten beigepackten Informationen sind unbedingt zu beachten. Jeder Benutzer ist zur sorgfältigen Prüfung der durchzuführenden Medikation verpflichtet. Jede Dosierung oder Applikation erfolgt auf eigene Gefahr.

Satz, Druck und Bindung: Druckhaus „Thomas Müntzer“, Bad Langensalza

Inhalt

LF

alle Bewertungstabelle Terminitest

Folgende prozentuale Verteilung gilt für die Bewertung in der Berufsschule:

0 – 29,9 % = 6
30 – 49,9 % = 5
50 – 66,9 % = 4
67 – 80,9 % = 3
81 – 91,9 % = 2
92 – 100 % = 1

bei 25 Punkten:

25 = 100 % = 1
24 = 96 % = 1
23 = 92 % = 1
22 = 88 % = 2
21 = 84 % = 2
20 = 80 % = 3
19 = 76 % = 3
18 = 72 % = 3
17 = 68 % = 3
16 = 64 % = 4
15 = 60 % = 4
14 = 56 % = 4
13 = 52 % = 4
12 = 48 % = 5
11 = 44 % = 5
10 = 40 % = 5
9 = 36 % = 5
8 = 32 % = 5
7 = 28 % = 6
6 = 24 % = 6
5 = 20 % = 6
4 = 16 % = 6
3 = 12 % = 6
2 = 8 % = 6
1 = 4 % = 6

Man errechnet die **Prozentzahl,**
indem man die **erreichte Punktzahl**
durch die zu **erreichende Punktzahl** teilt
und **mal 100** nimmt.

Beispiel: erreichte Punktzahl = 18
geteilt durch die zu erreichende Punktzahl = 25
= 0,72 mal 100 = 72 %
= Note 3

LF alle

Arbeitsanweisung zur Handhabung der „Lernkarten“

Auf einigen Seiten dieses Bandes finden Sie eine Sammlung von Begriffen zu dem vorhergehenden Inhalt, die der Festigung des Gelernten dienen sollen. Diese Seiten sind mit einer ✂ gekennzeichnet. Diese Schere bedeutet, dass Sie die einzelnen Kärtchen ausschneiden und zu Ihrer Vokabelsammlung hinzufügen sollen.

Sie finden auf einer Seite der Karten einen Begriff in schwarzer Schrift und auf der anderen Seite einen Begriff in grüner Schrift. Entweder steht auf dieser Seite der dazu gehörige Fachbegriff oder aber es geht um Erläuterungen, Aufgaben bzw. Zuordnungen (vgl. auch „Erstellen einer Lernkartei“ in Band 1, S. 5).

Wenn Sie diese Kärtchen zum Lernen heranziehen, nehmen Sie niemals alle Kärtchen auf einmal, sondern immer nur eine bestimmte Anzahl. Fangen Sie vielleicht mit fünf Kärtchen an und steigern Sie die Anzahl je nach Lernerfolg.

Sie können in zweifacher Weise verfahren:

- entweder Sie legen einige Kärtchen in schwarzer Schrift nach oben
- oder aber Sie legen die Lösungen in grüner Schrift nach oben.

Liegt die schwarze Schrift oben, so überlegen Sie sich den Fachbegriff oder aber mögliche Aufgaben zu dem entsprechenden Begriff. Liegt die grüne Schriftseite oben, so überlegen Sie sich den passenden deutschen Begriff.
Überprüfen Sie dann Ihre Lösung! Stimmt Ihre Lösung nicht mit der Antwort überein, so legen Sie das Kärtchen zur Seite auf einen Stapel und überprüfen es später noch einmal.
Haben Sie die richtige(n) Lösung(en) gefunden, so legen Sie das Kärtchen zur Seite auf einen neuen Stapel und bearbeiten ein neues.
So wird der Stapel mit den gelösten Kärtchen, d.h., mit dem, was Sie gewusst haben, immer größer und der Stapel mit den zu überprüfenden immer kleiner.
Auf diese Weise können Sie immer wieder objektiv Ihren Lernerfolg kontrollieren und sichern.

Lösungsseiten

In den Überschriftsfeldern des Frageteils werden die Seitenzahlen der entsprechenden Lösungsseiten (LS) genannt.

LS 154

Aufbau der Knochen

LF 9

LS 154 ⇒ Die Lösung beginnt auf S. 154.

Bildquellennachweis

Die Autorin bedankt sich bei allen Verlagen und Illustratoren für die Abdruckgenehmigungen.

Baum, K., Kerker + Baum, Hannover. 2, 55, 83, 115; Budras, K.-D., Wünsche, A.: Anatomie des Rindes, Schlütersche Verlagsgesellschaft, Hannover, 2002. 5, 6; fotolia: Alien Cat. 7, 8; fotolia: János Gehring. U1; Frank, W. Gauting. 56 oben links; Geyer, S., Grabner, A.: Die Tierarzthelferin, 7. Auflage; Schlütersche Verlagsgesellschaft, Hannover, 2005. 4, 9, 11, 39, 40, 45, 56 unten, 57, 87, 89, 91, 92 oben, 93; Köthe, I., Achim. 3, 56 oben rechts, 92 unten; Loeffler, K.: Anatomie und Physiologie der Haustiere, 8. Auflage, Eugen Ulmer KG, Stuttgart, 1991. 58; Sternberg, H., Achim. 75, U4

Vorwort

Das vorliegende Buch ist Teil eines dreibändigen Arbeitsbuches für Tiermedizinische Fachangestellte und orientiert sich an der neuen Lernfeldkonzeption mit ihren Lernfeldern.

Tiermedizinische Fachangestellte sind in der Regel die Personen, die in einer tierärztlichen Praxis als Erste von den Kunden wahrgenommen werden und aufgrund ihres Erscheinungsbildes und ihrer Umgangsformen im Kontakt mit Patienten und Klienten viel zum Image einer Praxis beitragen.
Von ihnen wird erwartet, dass sie über eine hohe Sachkompetenz, Sozialkompetenz und Handlungskompetenz verfügen. Diese Ziele zu erreichen ist unter Anderem die Intention der neu gestalteten Lernfelder und des Lernfeldunterrichts.

Es ist nicht Ziel dieses Buches, ein neues Lehrbuch zu konzipieren. Als solches ist nach wie vor „Die Tierarzthelferin" (Geyer/Grabner, 7. Auflage, Schlütersche, Hannover, 2005) als Grundlagenliteratur heranzuziehen. Die Arbeitsbücher sollen primär dazu dienen, Tiermedizinischen Fachangestellten Materialien an die Hand zu geben, um Unterrichtsinhalte selbstständig nachzuarbeiten und zu überprüfen. Des Weiteren liefern sie vielseitige Terminikontrollen und eine Terminisammlung, die als Lernkartei benutzt werden und als Vorbereitung zu Zwischen- und Abschlussprüfungen eine wertvolle Hilfe darstellen kann. Kreuzworträtsel bieten eine weitere Möglichkeit das Gelernte zu überprüfen. Das Arbeiten mit den vorliegenden Materialien soll Spaß machen. Alle Aufgaben können zur Unterrichtsgestaltung, zum eigenständigen Erarbeiten von Lerninhalten und zur Vorbereitung auf Klassenarbeiten und Prüfungen genutzt werden.

In diesem Buch werden nicht stringent Handlungssituationen aufgezeigt, an denen im Sinne eines „Handlungsorientierten Unterrichts" gearbeitet werden soll. Diese Aufgabe wird in den unterrichtsspezifischen Situationen des Berufsschulunterrichts geleistet. Einzelne Inhalte sollen jedoch anhand von Fallbeispielen bearbeitet und gelöst werden.
Nicht alle Lernfelder sind gleichstark und umfassend mit Unterrichtsmaterialien aufgearbeitet; stärkere Berücksichtigung finden in diesem Buch die Lernfelder mit überwiegend medizinischen Inhalten gegenüber denen mit Inhalten aus dem Bereich der Betriebsorganisation und Verwaltung.

Meinen ehemaligen Kolleginnen und Kollegen des SZ Walle in Bremen, in dem ich 25 Jahre als Lehrerin für Fachtheorie und Laborkunde unterrichtet habe, danke ich ganz herzlich für die Unterstützung bei der Beschaffung von Unterrichtsmaterialien und die vielseitigen Anregungen, die sie mir gegeben haben; ebenso bedanke ich mich bei den Mitgliedern in der Arbeitsgruppe der Lernfelderarbeitung aus Berlin (Frau Dr. G.C. Müller), Bremen, Hamburg und München (Frau Dr. I. Döpfmer).
Bei den Tierärzten Herrn Dr. H. Lukaß und Herrn Dr. C. Rosenhagen aus Bremen bedanke ich mich sehr herzlich für die Unterstützung und die „praxisspezifische" Beratung.
Herrn H. Sternberg danke ich für die Bereitstellung der Fotos und für die professionelle Hilfe bei der Arbeit mit dem Computer.

Bremen, im September 2008
Ingrid Köthe

Aufbau der Knochen

Arbeitsauftrag

Beschriften Sie mit Hilfe des Buches die Abbildungen und erläutern Sie die Funktionen der Knochenbestandteile!

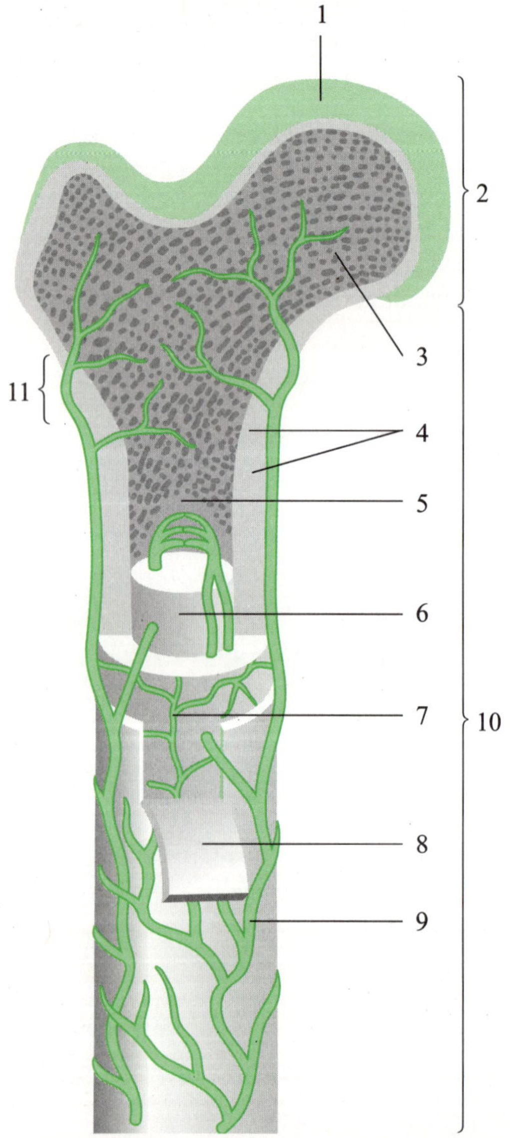

1 ______________________________

2 ______________________________

3 ______________________________

4 ______________________________

5 ______________________________

6 ______________________________

7 ______________________________

8 ______________________________

9 ______________________________

10 ______________________________

11 ______________________________

Funktionen der Knochenbestandteile

____

____

____

____

____

____

LS 154

Gelenkaufbau

LF 9

Arbeitsauftrag: Beschriften Sie mit Hilfe des Textes die Abbildung des Gelenkes!

Als Gelenke bezeichnet man die beweglichen Verbindungen zwischen zwei oder mehreren Knochen. Die im Gelenk aufeinander treffenden Knochen sind stets durch einen Gelenkspalt getrennt.
Die Beweglichkeit der Gelenke richtet sich nach der Festigkeit der Gelenkkapsel und nach der Form der im Gelenk aufeinander treffenden Gelenkflächen, die stets mit hyalinem Knorpel überzogen sind.
Die Knochenenden bezeichnet man als Gelenkkopf und Gelenkpfanne. Sie werden von der Gelenkkapsel zusammengehalten.
Die Innenhaut der Gelenke sondert eine eiweißhaltige, durchsichtige Gleitflüssigkeit, die Gelenkschmiere = Synovia ab.
Die meisten Gelenke werden durch Bänder gesichert.

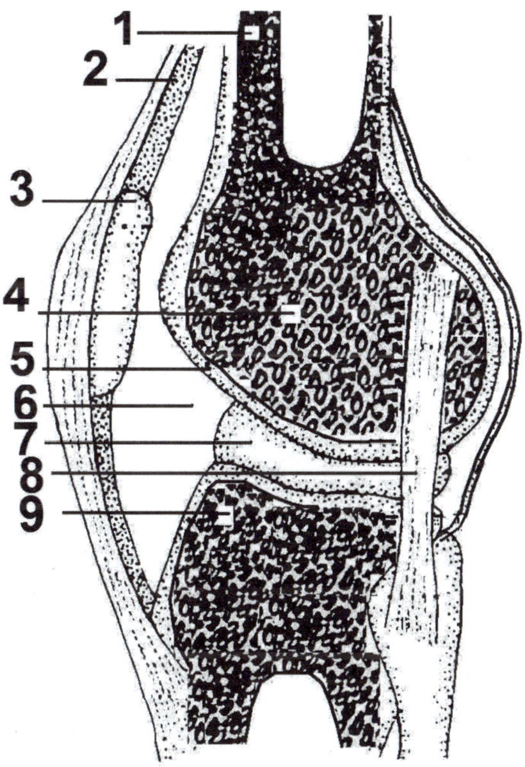

Beispiel Kniegelenk

1 ______________________________

2 ______________________________

3 ______________________________

4 ______________________________

5 ______________________________

6 ______________________________

7 ______________________________

8 ______________________________

9 ______________________________

Muskeln des Hundes

Arbeitsauftrag: **Beschriften Sie die Abbildung mit deutschen Begriffen!**

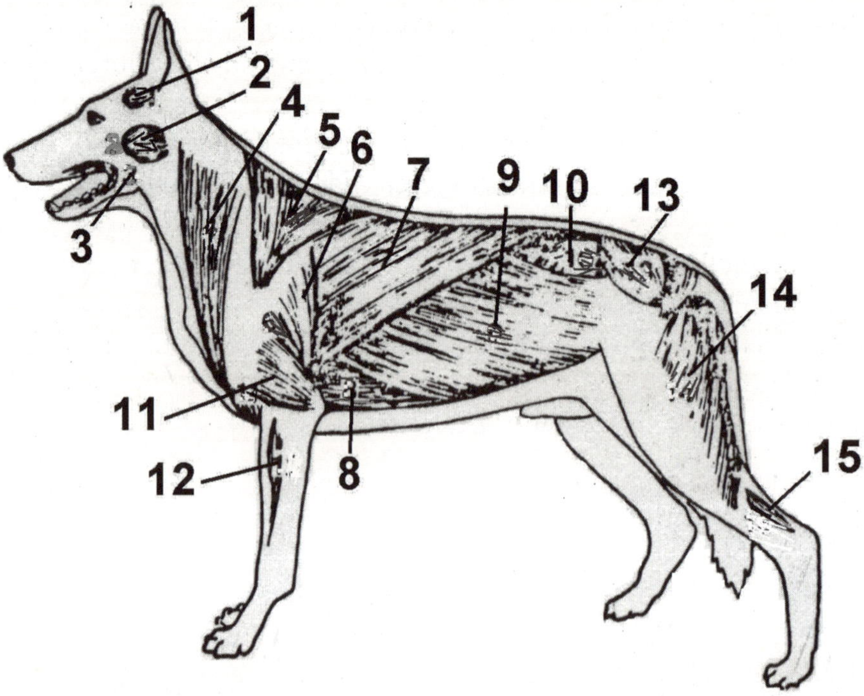

1 ______________________________

2 ______________________________

3 ______________________________

4 ______________________________

5 ______________________________

6 ______________________________

7 ______________________________

8 ______________________________

9 ______________________________

10 ______________________________

11 ______________________________

12 ______________________________

13 ______________________________

14 ______________________________

15 ______________________________

LS 155

Schädelknochen des Rindes, frontal

LF 9

Arbeitsauftrag: **Beschriften Sie die Abbildung des Rinderschädels!**

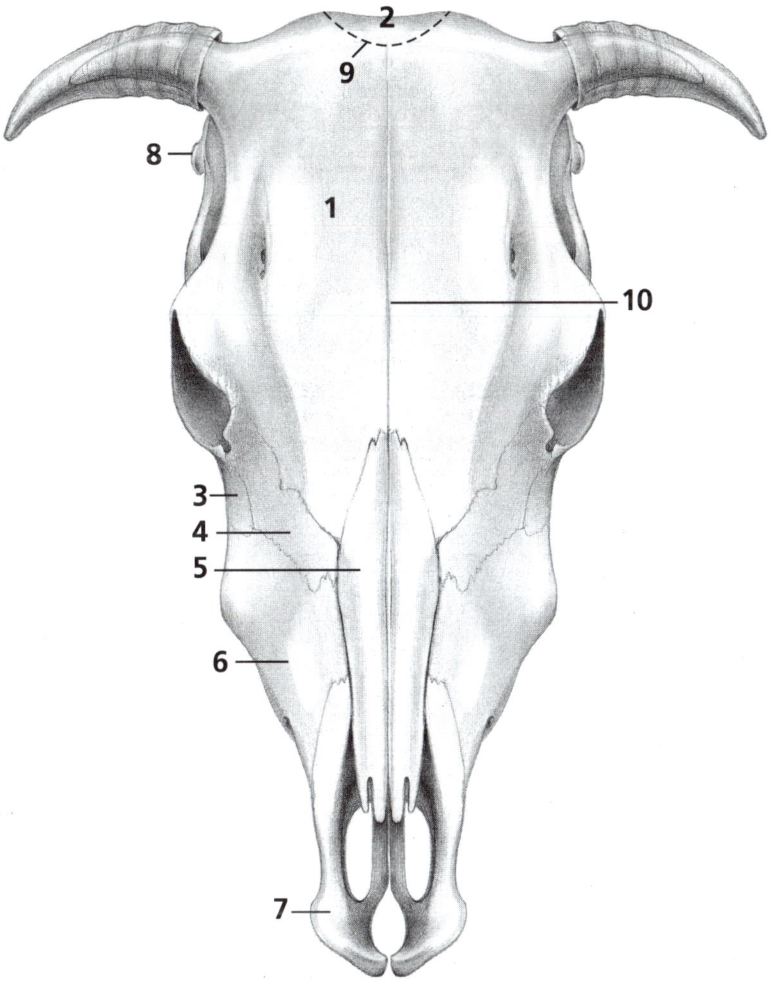

1 ______________________________

2 ______________________________

3 ______________________________

4 ______________________________

5 ______________________________

6 ______________________________

7 ______________________________

8 ______________________________

9 ______________________________

10 ______________________________

LF
9

LS 156

Schädelknochen des Rindes, seitlich

Arbeitsauftrag

Beschriften Sie die Abbildung des Rinderschädels!

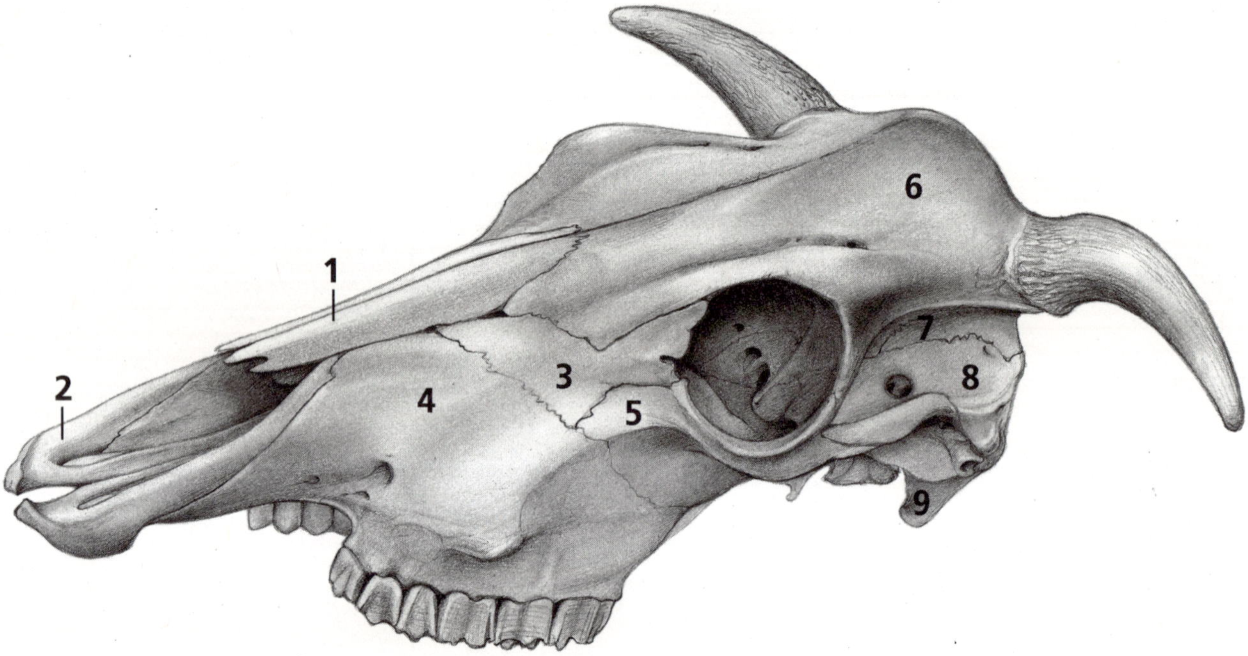

1 ____________________________

2 ____________________________

3 ____________________________

4 ____________________________

5 ____________________________

6 ____________________________

7 ____________________________

8 ____________________________

9 ____________________________

LS 156

Skelett der Katze

LF 9

Arbeitsauftrag: Beschriften Sie mit Hilfe des Lehrbuches das Skelett der Katze mit deutschen Begriffen und Fachbegriffen!

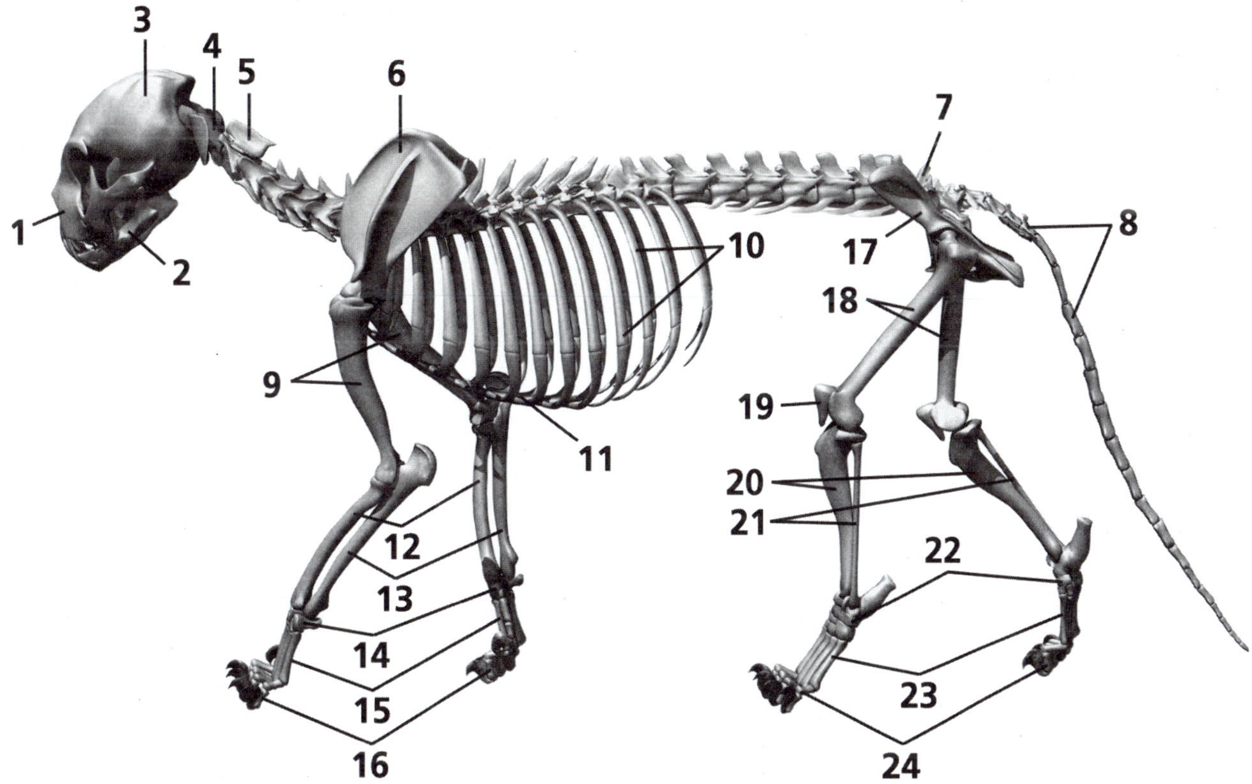

1

2

3

4

5

6

7

8

9

10

11

12

13

14

15

16

17

18

19

20

21

22

23

24

Skelett des Pferdes

Arbeitsaufträge

1. **Benennen Sie die Abschnitte a–g der Wirbelsäule!**
2. **Beschriften Sie die Abbildung!**

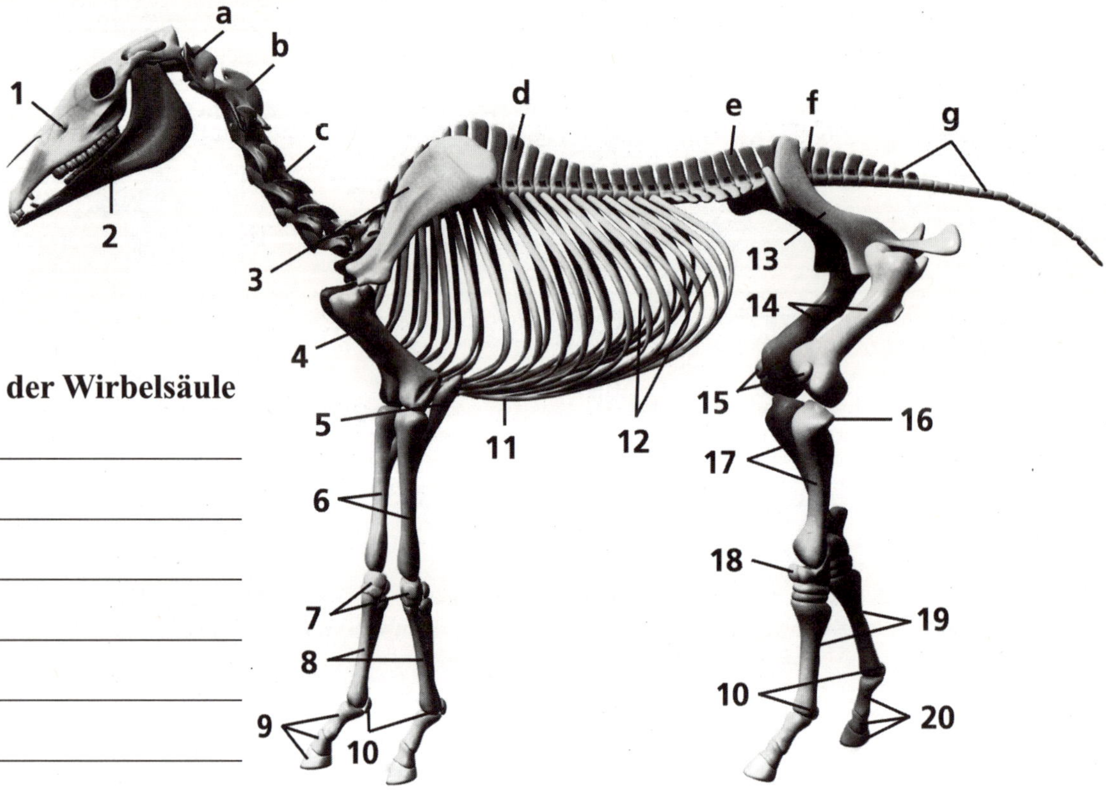

Abschnitte der Wirbelsäule

a ____________________

b ____________________

c ____________________

d ____________________

e ____________________

f ____________________

g ____________________

Skelettknochen des Pferdes

1		11	
2		12	
3		13	
4		14	
5		15	
6		16	
7		17	
8		18	
9		19	
10		20	

LS 157

LF 9

Wirbelsäule des Hundes

Arbeitsauftrag

Geben Sie die Abschnitte der Wirbelsäule mit deutschem Begriff und Fachbegriff und die jeweilige Anzahl der Wirbel an!

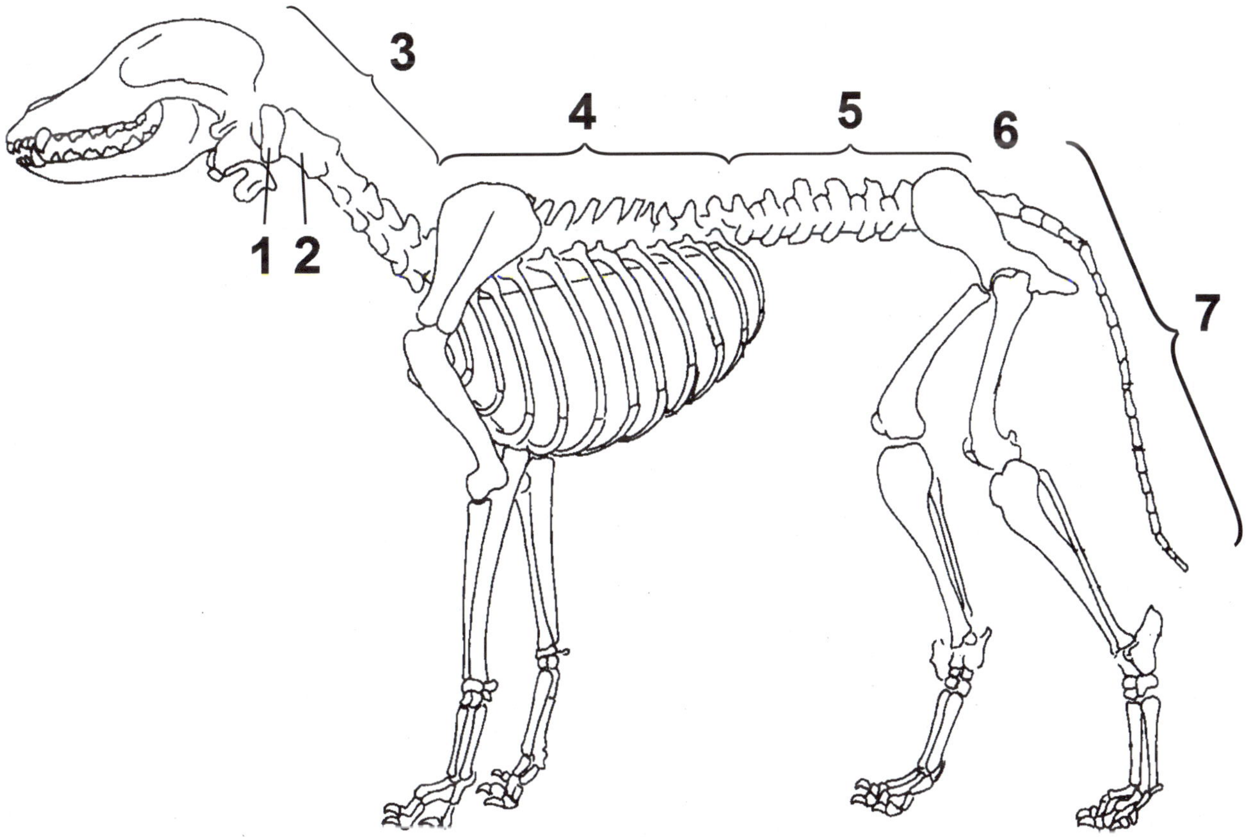

Nr.	Abschnitt	Anzahl	deutscher Begriff	Fachbegriff
1				
2				
3				
4				
5				
6				
7				

LF 9

LS 158

Bau der Wirbelsäule und der Wirbel

Die Wirbelsäule setzt sich aus verschiedenen Abschnitten zusammen. Man unterscheidet:

Halswirbelsäule, die bei allen Säugetieren aus 7 Halswirbeln (= Vertebrae cervicalis) besteht (Ausnahmen: Seekuh, Zweizehenfaultier 6, Dreizehenfaultier 9–10).
Der erste Halswirbel (= Atlas) besitzt keinen Wirbelkörper und keinen Dornfortsatz. Er ist ein weiter Knochenring, dessen seitliche Verdickungen gelenkig mit dem Hinterhauptbein verbunden sind. In diesem Gelenk findet die Nickbewegung des Kopfes statt. Der zweite Halswirbel (= Axis) besitzt eine dornförmige Verlängerung des Wirbelkörpers, den Zahn (= Dens), um den sich der Atlas dreht. In diesem Gelenk findet die Drehbewegung des Kopfes statt. Der Zahn des Drehers wird durch ein festes Band vom verlängerten Rückenmark, in dem die lebenswichtigen Atem- und Kreislaufzentren verlaufen, getrennt und in seiner Lage gehalten. Bei einem Genickbruch bohrt sich der Zahn in das verlängerte Rückenmark und führt zum Tode.

Brustwirbelsäule, die sich bei verschiedenen Tierarten und dem Menschen aus einer unterschiedlichen Anzahl von Brustwirbeln (= Vertebrae thoracicae) zusammensetzt. (Mensch: 12; Fleischfresser: 13; Wiederkäuer: 13; Schwein:15; Pferd: 18)

Lendenwirbelsäule, die wiederum aus einer unterschiedlichen Anzahl von Lendenwirbeln (= Vertebrae lumbales) besteht. (Mensch: 5, Fleischfresser: 7, Wiederkäuer/Schwein: 6, Pferd: 6)

Kreuzwirbel (Vertebrae sacrales) die das Kreuzbein (= Os sacrum) bilden. (Mensch: 5; Fleischfresser: 3; Wiederkäuer: 3–5; Schwein: 4; Pferd: 4–6)

Schwanzwirbel (Vertebrae caudales), die je nach Tierart und Rasse in unterschiedlicher Anzahl vorhanden sind. (Beim Menschen sind die ursprünglichen Schwanzwirbel zum Steißbein (= Os coccygis) verschmolzen. Fleischfresser/Schwein: 20–23; Wiederkäuer: Rind: 18–20; Ziege: 12–16; Schaf: 3–24; Pferd: 15–21).
Die natürlichen (physiologischen) Krümmungen der Wirbelsäule gehen beim Menschen in der Halswirbelsäule und in der Lendenwirbelsäule nach vorn, man bezeichnet sie als Lordosen. In der Brustwirbelsäule spricht man von einer Kyphose, die Krümmung ist nach hinten gerichtet.

Arbeitsaufträge

1. Tragen Sie in die Tabelle die Anzahl der Wirbel bei den verschiedenen Individuen ein!
2. Beschriften Sie die Abbildung des Lendenwirbels!

Individuum	HWS	BWS	LWS	Kreuzbein	Steißbein	Schwanzwirbel
Hund/Katze						
Pferd						
Rind						
Schaf						
Ziege						
Schwein						
Mensch						

Wirbel

Die Wirbel (= Vertebrae) der Wirbelsäule (= Columna vertebralis) sind den unterschiedlichen Abschnitten zuzuordnen. Alle Wirbel sind nach einem grundsätzlichen Bauprinzip gestaltet, welches je nach der entsprechenden Funktion abgewandelt wird.

Auf einem kräftigen **Wirbelkörper** sitzt dorsal der **Wirbelbogen**. Von ihnen wird das **Wirbelloch** gebildet. Die Summe aller Wirbellöcher stellt den **Wirbelkanal** dar, in dem das **Rückenmark** (= Medulla spinalis) mit seinen Häuten liegt.

Am Wirbelbogen befinden sich ein medianer **Dornfortsatz** sowie auf jeder Seite ein **Querfortsatz.** Vom Wirbelbogen entspringen nach oben und unten **Gelenkfortsätze** zur beweglichen Verbindung mit den benachbarten Wirbeln. Je ein seitlicher Einschnitt kranial und kaudal am Wirbelbogen bildet seitlich zwischen zwei Wirbeln das Zwischenwirbelloch, durch das die Rückenmarknerven austreten. Zwischen den Wirbelkörpern befinden sich, außer zwischen dem 1. und dem 2. Halswirbel, die faserknorpeligen Zwischenwirbelscheiben (Bandscheiben = Discus intervertebralis).

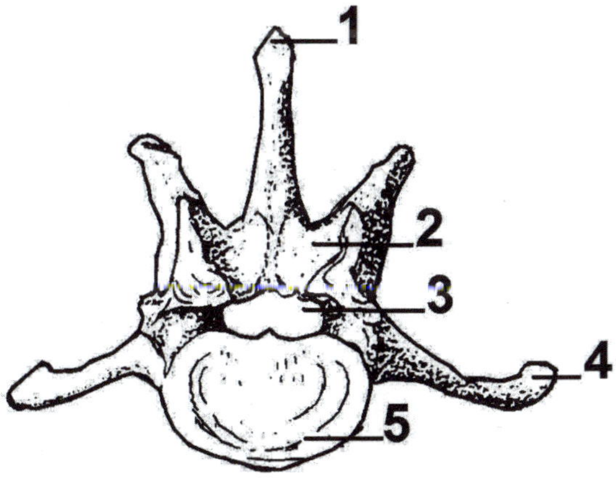

1 ______________________________

2 ______________________________

3 ______________________________

4 ______________________________

5 ______________________________

Arbeitsauftrag

Ordnen Sie die entsprechenden Buchstaben zu!

1. Schädel	______	a) Mandibula
2. Oberschenkel	______	b) Axis
3. Schienbein	______	c) Os ileum
4. Wadenbein	______	d) Columna vertebralis
5. Fersenbein	______	e) Os sacrum
6. Elle	______	f) Atlas
7. Speiche	______	g) Femur
8. Schlüsselbein	______	h) Os pubis
9. Schulterblatt	______	i) Scapula
10. Wirbelsäule	______	j) Phalanges
11. erster Halswirbel	______	k) Cranium
12. zweiter Halswirbel	______	l) Maxilla
13. Rippen	______	m) Radius
14. Brustbein	______	n) Os ischii
15. Sprungbein	______	o) Calcaneus
16. Oberkiefer	______	p) Pelvis
17. Unterkiefer	______	q) Clavicula
18. Zehen	______	r) Patella
19. Sitzbein	______	s) Sternum
20. Kreuzbein	______	t) Ulna
21. Darmbein	______	u) Talus
22. Schambein	______	v) Tibia
23. Kniescheibe	______	w) Costae
24. Becken	______	x) Fibula

LS 159

Fragen zu Knochen

LF 9

Arbeitsauftrag: Bearbeiten Sie die folgenden Aufgaben!

1. Aus welchen Knochen wird gebildet:

   a) der Brustkorb ? ____

   b) der Beckengürtel? ____

   c) ein Hüftbein? ____

2. Nennen Sie bitte die verschiedenen Arten der Knochen und je eine Aufgabe! Geben Sie je ein Beispiel ihres Vorkommens an!

Knochenart	Aufgabe	Vorkommen

3. Ordnen Sie bitte zu!

   Osteozyten sind __________ a) Knochen bildende Zellen

   Osteoklasten sind __________ b) Knochenzellen

   Osteoblasten sind __________ c) Knochen abbauende Zellen

4. Wie bezeichnet man die kleinste Baueinheit eines Knochens?

   ____

5. Vervollständigen Sie bitte den Lückentext!

   An den Röhrenknochen der Gliedmaßen werden der Knochenschaft (= __________) und die Gelenkenden (= ____________) unterschieden. Dazwischen befindet sich die __________, in der im Wachstumsalter der Tiere das ________________ stattfindet. Die äußere Umhüllung des Knochens ist die ____________ (= _______), in dem zur Versorgung des Knochens ___________ mit Nährstoffen verlaufen. Weiterhin befinden sich hier _____________, die Schmerzen registrieren. Die Knochenwand besteht aus einer dichten Knochenmasse, die als __________ bezeichnet wird. Im Innern des Knochens befindet sich die _____________, die bei erwachsenen Tieren das ____________________enthält.

LF 9

Einführung Röntgen

Eine kleine Einführung in das Röntgen

Die gesamte **Röntgendiagnostik** beruht auf folgendem Prinzip:
Röntgenstrahlen erfahren beim Durchdringen des menschlichen bzw. tierischen Körpers in Abhängigkeit von der Stoffbeschaffenheit (Knochen – Muskel – Fett – Luft; dicke bzw. dünne Schichten) eine mehr oder weniger starke Abschwächung (= Absorption).

Knochen absorbieren die Röntgenstrahlen stärker als beispielsweise Fettgewebe oder das lufthaltige Lungengewebe.
Die aus dem Körper austretende Strahlung, also die Strahlenmenge, die es „noch geschafft" hat, den Körper zu durchdringen, wird auf einem fotografischen Film aufgefangen und schwärzt diesen Film je nach Menge der Strahlung: sind viele Strahlen durchgekommen, z.B. nach Durchstrahlung der Lungen, wird der Film schwarz, sind weniger Strahlen durchgekommen, z.B. nach Durchstrahlung von Muskulatur, wird der Film grau. Kommen fast keine Strahlen durch, wie bei Knochenaufnahmen, bleibt die empfindliche Filmschicht hell. Auf dem Film entsteht nach der Entwicklung ein Schattenbild, das die unterschiedlich verteilte Gewebedichte der röntgendurchstrahlten Körperregion wiedergibt. Bei der fertigen Röntgenaufnahme werden die stärker absorbierenden Gewebebereiche (= Röntgenschatten) als helle Flächen wiedergegeben.

Die Röntgenaufnahme erscheint also als „negatives Bild".
Üblicherweise wird in der Praxis nur mit Röntgennegativen gearbeitet. Dabei erscheinen Knochen hell, Weichteilgewebe grau, und lufthaltige Räume schwarz. Wird ein Röntgenpositiv hergestellt, so werden Knochen dort dunkel, Weichteilgewebe grau und lufthaltige Räume hell dargestellt.
Bei der Betrachtung eines Röntgennegativs bezeichnet der Arzt Bezirke, die dunkler sind als normal, als „Aufhellungen". Das betreffende Gewebe ist ja weniger dicht als normal. Mehr Strahlen können passieren. Umgekehrt werden die Flächen der Aufnahme, die heller als normal sind, „Verschattungen" genannt, das durchstrahlte Gewebe absorbiert mehr Strahlen als beim Gesunden!

Einstellungen am Röntgengerät
Für eine Röntgenaufnahme stellt man am Röntgengerät folgende Werte ein:

- mA (Milliampere) = Menge der Röntgenstrahlen;
- mAs (Milliamperesekunden) = Menge der Röntgenstrahlen in der Zeiteinheit;
- kV (Kilovolt) = Röhrenspannung. Je höher die kV-Zahl, desto größer sind
- Elektronendruck und Elektronengeschwindigkeit, desto größer ist die Energie der Strahlen, also ihr Durchdringungsvermögen.

Laut Röntgenverordnung darf die Einstellung nur vom Arzt/Tierarzt bzw. Fachpersonal vorgenommen bzw. auf Anweisung durchgeführt werden.

Radiologie

Radiologie ist die Lehre von radioaktiven Strahlen. Das internationale Warnzeichen für Radioaktivität ist dieses:

Zur Radiologie zählen diagnostische und therapeutische Maßnahmen wie z.B. Röntgenstrahlen, Szintigraphie (Nuklearmedizin), Computertomographie, Tumorbestrahlung.
In der Röntgendiagnostik verwendet man Röntgenstrahlen. Dieses sind elektromagnetische Wellen, die eine hohe Durchdringungsfähigkeit haben und sogar Blei durchdringen können!
Röntgenstrahlen oder auch X-Ray im internationalen Sprachgebrauch genannt, entstehen, wenn bei sehr hohen Spannungen (30000 bis 120000 Volt = 30 kV bzw. 120 kV) schnellfliegende Elektronen auf eine harte Materie, z.B. Wolfram treffen, dort abgebremst und deformiert werden.

- Röntgenstrahlen durchdringen Körper umso leichter, je höher die Spannung ist.
- Sie werden bei diesem Durchgang je nach Dichte und Dicke abgeschwächt.
- Sie erzeugen in und um den durchdrungenen Körper Streustrahlen (Sekundär-/Tertiärstrahlen), die bei Verwendung von harten Röntgenstrahlen kontrastmindernd sind.
- Sie schwärzen fotografische Schichten.
- Sie lassen bestimmte Metallsalze aufleuchten (z.B. Zinkcadmiumsulfid des Röntgenschirmes).
- Sie wirken biologisch, d.h. sie zerstören Zellen, vor allem im Teilungsstadium, z.B. in Tumoren, Keimdrüsen und rotem Knochenmark.

Strahlenschäden

Bei unvorschriftsmäßigem Umgang kann es zu drei Arten von Strahlenschäden kommen.

- **Somatische** (körperliche) Strahlenschäden können sein: Hautrötung, Strahlenkater (Kopfschmerzen, Übelkeit, Fieber), Gewebenekrosen (Zerstörung, Absterben von Zellen), Leukopenie (Verringerung der Leukozyten), Knochenmarkversagen;
- **Genetische** Strahlenschäden können als Infertilität (Dauersterilität) oder Erbschäden (Missbildungen durch Chromosomenschäden) auftreten, die erst bei einem Kind feststellbar sind;
- **Einschränkung** bzw. **Zusammenbruch** des Immunsystems, was sich in einer Anfälligkeit gegenüber vielen Infektionen bemerkbar macht.

Die Gefährlichkeit radioaktiver Strahlen ist auch davon abhängig, ob eine Ganz- oder Teilkörperbestrahlung durchgeführt wurde. Die Maßeinheit für die absorbierte Körperdosis von Röntgenstrahlen heißt Sievert (Sv). (Alte Maßeinheit: rem; 1 Sv = 100 rem).
Generell gilt, so wenig wie möglich und so viel wie nötig zu röntgen. Dieses bedeutet, dass kein Patient sich scheuen sollte, bereits vorliegende Röntgenbilder von einem Arzt anzufordern, um diese bei einem anderen Arzt oder evtl. im Krankenhaus vorzulegen.

Strahlenschutz
Um keine Schäden zu erleiden, ist es wichtig, alle Vorsichtsmaßregeln zu befolgen, die in der Röntgenverordnung aufgelistet sind!
Zum Schutz vor Strahlen ist darauf zu achten, entsprechenden Abstand zur Strahlenquelle zu halten, da die Strahlungsintensität im Quadrat der Entfernung abnimmt. Dieses bedeutet, dass sich die Strahlenmenge im doppelten Abstand auf die vierfache Fläche verteilt, so dass sie pro einfache Fläche um ein Viertel reduziert ist. Bei einem doppelten Abstand beträgt die Strahlenmenge nur noch ein Viertel, bei einem dreifachen Abstand noch ein Neuntel (s. Abbildung.)

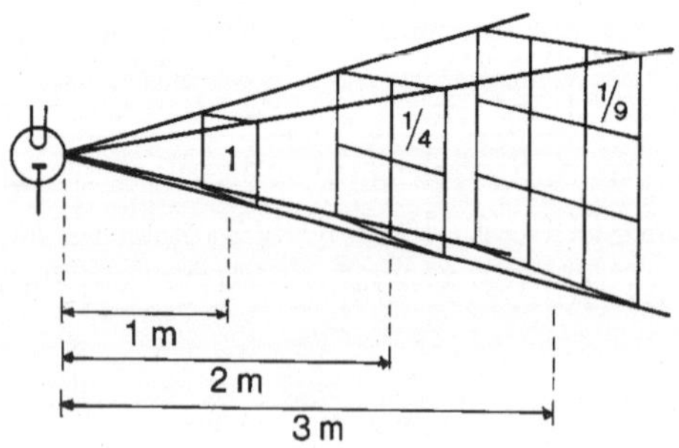

Als **Abschirmung** vor der Strahlung sind Schilddrüsenschutz, unversehrte Bleischürzen und Bleihandschuhe zu verwenden. Es ist größte Vorsicht zu wahren, wenn bei Aufnahmen z.B. ein Gelenk in einer bestimmten Position gehalten werden muss. Es ist gewissenhaft darauf zu achten, dass sich kein Finger mit Handschuh im Strahlengang befindet, da die Röntgenstrahlen die Bleischicht durchdringen können.
Auf der entwickelten Aufnahme sehen Sie den Finger als helle bzw. weiße Abbildung, da die Unterseite des Handschuhs ebenfalls im Strahlengang liegt und als doppelte Schicht für die Strahlen undurchlässig ist.
Würde man das Gelenk mit einem Handschuh halten, dessen Unterseite fehlen würde, so wären auf der Aufnahme ebenfalls die Knochen des Fingers abgebildet.
Dieses bedeutet für die Praxis, wenn nicht zu verhindern ist, dass die haltende Hand bzw. der Finger sich im Strahlengang befinden, ein zweiter Handschuh zur Abdeckung über die haltende Hand gelegt werden muss.
Grundsätzlich gilt auch, dass der **Aufenthalt** im Strahlenbereich so gering wie möglich zu halten ist, nämlich je weniger desto besser. Bei Röntgenaufnahmen sollte man stets den Raum, in dem sich die Röntgenröhre befindet, verlassen.
Nahrungsmittelaufbewahrung oder -aufnahme ist in Röntgenräumen nicht erlaubt.

Strahlenkontrolle
Eine Strahlenkontrolle kann man auf verschiedene Arten durchführen lassen. Wer oft und regelmäßig mit Röntgengeräten arbeitet, muss von Zeit zu Zeit (1-mal/Jahr) als so genannte **biologische** Strahlenkontrolle einen Blutstatus durchführen lassen.
Als **technische** Strahlenkontrolle können durch Direktsichtdosimeter (Füllhalterdosimeter) die Tageswerte, die in die Röntgenprotokolle eingetragen werden, Aufschluss über mögliche Strahlenbelastungen geben.
Eine andere Kontrolle wird mit der Strahlenschutzplakette durchgeführt. Dabei ist ein Film zwischen Metallfiltern eingelegt, der nach der Entwicklung die Art und Menge der Strahlen

anzeigt. Diese Filme sind monatlich an das jeweilige Landesinstitut für Arbeitsmedizin-Strahlenschutzdosimeter – Messstelle – zu senden.

Fehlermöglichkeiten beim Röntgen

Filmmaterial:
- alt/überlagert,
- vorbelichtet,
- Doppelbelichtung,
- lichtundichte Kassette,
- elektrostatische Aufladung

Vorbereitung des Patienten
- Futter gefüllter Magen-Darm-Trakt,
- zu geringe Kontrastmittel-Gabe,
- fehlerhafte Kontrastmittel-Gabe

Lagerung des Patienten
- falsch gewählter Ausschnitt,
- verkantet,
- Überlagerung von verschiedenen Körperteilen

Belichtung des Films:
- über-/unterbelichtet,
- falsch gewählter Moment der Belichtung (verwackelt, veratmet),
- Raster-Fehler (Blei-Raster zwischen Objekt und Film absorbiert Streustrahlen)

Entwicklung des Films:
- überalterter/verbrauchter Entwickler,
- überalterte Fixierlösung,
- verschmutzte Folien,
- Filmbeschädigung durch Kratzer/Druckstellen/Schmutzflecken,
- Aneinanderliegen der Filme im Entwicklerbad,
- Fehler im Entwicklungsautomaten

Lagerungsmöglichkeiten
- Normalerweise Lagerung der Tiere im seitlichen Strahlengang: latero-lateral
- Bei speziellen Untersuchungen (Thorax, Herz):
- Bauchlagerung: dorso-ventraler Strahlengang oder
- Rückenlagerung: ventro-dorsaler Strahlengang.
- Pferde werden im Allgemeinen im Stehen geröntgt.

Fragen zum Röntgen

Arbeitsauftrag: Bearbeiten Sie die folgenden Aufgaben!

1. Wie erscheinen auf einem Röntgenfilm folgende Gewebe?
   - Lungengewebe: ______
   - Muskelgewebe: ______
   - Knochengewebe: ______

2. Was versteht man unter Röntgenschatten?

3. Wie stellt sich die Röntgenaufnahme dem Betrachter dar?

4. Wie werden Bezirke bezeichnet, die a) dunkler, b) heller sind als normal?

   a) dunkler ______

   b) heller ______

5. Welche Werte werden an einem Röntgengerät vor der Aufnahme eingestellt und was bedeuten diese?

6. Wer ist verantwortlich für das Einstellen der Werte?

7. Was bedeutet der Begriff „Radiologie“?

8. Was sind Röntgenstrahlen und wie entstehen sie?

9. Warum bewirken Röntgenstrahlen u.U. Strahlenschäden?

10. Welche verschiedenen Strahlenschäden können bei unsachgemäßem Umgang mit Röntgenstrahlen auftreten?

11. Welche Schutzmaßnahmen sind bei jeder Röntgenaufnahme zu beachten?

12. Was versteht man unter den drei „A“ beim Strahlenschutz?

13. Welche Möglichkeiten der Strahlenkontrolle gibt es?

14. Was müssen Sie seit Festlegung der neuen Röntgen-Verordnung im Umgang mit Patientenbesitzern beachten, wenn diese bei einer Röntgenaufnahme des Tieres dabei sein wollen?

15. Wie kann auf einer Röntgenaufnahme festgestellt werden, ob z.B. eine Ernährungssonde sachgerecht in der Speiseröhre bzw. im Magen liegt?

16. Wie nennt man das „Regelwerk“ für den Umgang mit Röntgenstrahlen?

17. Darf jede TFA röntgen? Braucht sie dafür Voraussetzungen?

18. Welche Pflichten hat der Tierarzt im Umgang mit Röntgen gegenüber seinen Angestellten?

19. Welche beiden Arbeitsbereiche unterscheidet man?

20. Dürfen folgende Personen röntgen?
    a) eine 16-jährige Auszubildende
    b) eine schwangere 34-jährige Arzthelferin
    c) eine 18-jährige Auszubildende
    d) eine 26-jährige Röntgenassistentin

21. Wie lange müssen Aufzeichnungen von Röntgen-Therapien aufbewahrt werden?

22. Wie lange müssen Aufzeichnungen von Röntgen-Untersuchungen aufbewahrt werden?

23. Wie können sie sich vor Röntgenstrahlen schützen?

24. Welche Organe müssen besonders geschützt werden?

25. Wie bezeichnet man die „Anstecker“, die das Röntgenpersonal am Kittel trägt?

26. Wofür sind sie?

27. Was wird damit gemacht?

LS 162

Kreuzworträtsel Bewegungssystem

LF 9

Arbeitsauftrag: **Setzen Sie die Fachbegriffe ein!**

1 Schleimbeutelentzündung
2 Gelenkabnutzung
3 eitrige Entzündung am Huf
4 Bandscheibenschaden
5 Knochenentzündung
6 Gelenkschmiere
7 Knochenbruch
8 Knochenbälkchen
9 Muskelentzündung
10 Prellung, Quetschung
11 Knochenhautentzündung
12 Gelenkentzündung
13 Knochenmarkentzündung
14 Knochenriss

LF 9

LS 162

Kreuzworträtsel Skelett

Arbeitsauftrag: **Setzen Sie die Fachbegriffe ein!**

1 Hüftbein
2 Brustkorb
3 erster Halswirbel
4 Schlüsselbein
5 Rücken
6 Rumpf
7 Rippen
8 Becken
9 Brustbein
10 Fußwurzelknochen
11 Brust
12 Schulterblätter
13 Schienbein
14 Handwurzelknochen
15 Unterkiefer
16 Oberkiefer
17 zweiter Halswirbel
18 Knochenschaft

LS 163

Termini Skelett

LF 9

Arbeitsauftrag: Übersetzen Sie die folgenden Fachbegriffe!

Atlas	
Axis	
Caput	
Carpus	
Clavicula	
Costa	
Cranium	
Diaphyse	
Epiphyse	
Femur	
Fibula	
Fraktur	
Humerus	
Metatarsus	
Os coxae	
Os ileum	
Os pubis	
Os sacrum	
Osteon	
Patella	
Pelvis	
Phalanges	
Radius	
Scapula	
Sternum	
Thorax	
Tibia	
Ulna	
Vertebra	

LF 9

Bewegungsapparat/Lernkarten

Arbeitsauftrag:

Schneiden Sie die Kärtchen auf den nachfolgenden Seiten aus und ergänzen Sie damit Ihre Terminisammlung. Verwenden Sie diese Karten zur Lernkontrolle, wie auf Seite V beschrieben.

Schädel	Elle
Rippe	Brustbein
1. Halswirbel	Schlüsselbein
2. Halswirbel	Brustkorb
Oberarmknochen	Kreuzbein
Speiche	Darmbein

Ulna	**Cranium**
Sternum	**Costa**
Clavicula	**Atlas**
Thorax	**Axis**
Os sacrum	**Humerus**
Os ileum	**Radius**

Sitzbein	Wadenbein
Schambein	Oberkiefer
Becken	Unterkiefer
Hüftbein	Kniescheibe
Oberschenkelknochen	Schulterblatt
Schienbein	Fußwurzel

Fibula	**Os ischii**
Maxilla	**Os pubis**
Mandibula	**Pelvis**
Patella	**Os coxae**
Scapula	**Femur**
Tarsus	**Tibia**

Mittelfuß	Verletzung
Zehen	Prellung, Quetschung
Handwurzel	Zerrung, Verstauchung
Mittelhand	Verrenkung
Finger	Knochenbruch
Wirbelsäule	Ostitis

Trauma	**Metatarsus**
Kontusion	**Phalanges**
Distorsion	**Carpus**
Luxation	**Metacarpus**
Fraktur	**Phalanges**
Knochenentzündung	**Columna vertebralis**

Osteomyelitis	Arthritis
Rachitis	Arthrose
Osteomalazie	Polyarthritis
Osteoporose	Skoliose
Osteom	Kyphose
Osteosarkom	Lordose

Gelenkentzündung	Knochenmarkentzündung
Gelenkschädigung durch Überbeanspruchung	Knochenerweichung durch Kalkmangel im Kindesalter durch Mangel an Vitamin D
Entzündung mehrerer Gelenke	Knochenerweichung bei Erwachsenen
seitliche Verbiegung der Wirbelsäule	Schwund des Knochengewebes
Krümmung der Wirbelsäule nach hinten	gutartiger Knochentumor
Krümmung der Wirbelsäule nach vorn	bösartiger Knochentumor

Dislokation	Hernie
Myositis	Tendovaginitis
Muskelatrophie	Bursitis
Myom	Prolaps
Myosarkom	Lumbago

Eingeweidebruch	**Fehlstellung**
Sehnenscheidenentzündung	**Muskelentzündung**
Schleimbeutelentzündung	**Muskelschwund**
Bandscheibenvorfall	**gutartiger Muskeltumor**
plötzliche starke Schmerzen im Lendenbereich (Hexenschuss)	**bösartiger Muskeltumor**

Anatomie/Physiologie/Reizleitung des Herzens

LF 9

Arbeitsaufträge

1. **Lesen Sie den Text aufmerksam und unterstreichen Sie wichtige Aussagen!**
2. **Schreiben Sie alle Termini heraus und finden Sie die deutschen Begriffe dafür!**

Lage des Herzens

Das Herz liegt schräg im mittleren Bereich des Brustkorbs zwischen den beiden Lungenflügeln. Bei einem Menschen wiegt es ca. 300 g, bei einem Pferd beträgt das Gewicht 0,6–1 %, beim Rind 0,4–,6 %, beim Schwein 0,3–0,4 %, beim Hund 0,6–1 % des Körpergewichtes. Kaudal grenzt es an das Zwerchfell, kranial an die vordere Brustwand. Es ist leicht nach links verlagert, so dass sich ca. 2/3 des Herzens links von der Körpermittellinie (= Medianlinie) befinden. Die nach unten gerichtete Herzspitze zeigt nach links vorn und berührt die vordere Brustwand. Dort kann man sie bei jedem Herzschlag als Herzspitzenstoß ertasten.

Aufbau des Herzens

Das Herz wird durch eine Scheidewand in zwei Hälften getrennt. Die Muskulatur der linken Herzhälfte ist wesentlich kräftiger ausgebildet und versorgt den großen Körperkreislauf. Die rechte Hälfte betreibt den kleinen Kreislauf.

Jede Herzhälfte wird in einen Vorhof und eine Kammer unterteilt. In die Vorhöfe beider Herzhälften münden die Blut zuführenden Gefäße. In den rechten Vorhof münden die obere und untere Hohlvene mit sauerstoffarmem Blut; in den linken die Lungenvenen, die im Gegensatz zu allen anderen Venen sauerstoffreiches Blut zum Herzen führen. Von den beiden Herzkammern zweigen die Blut abführenden Gefäße ab. Aus der rechten Herzkammer zweigt die Lungenarterie mit sauerstoffarmem und kohlendioxidreichem Blut ab und führt zur Lunge. Dieses ist eine Besonderheit, da Arterien im Körperkreislauf, als vom Herzen abführende Gefäße in der Regel sauerstoffreiches Blut enthalten.

An den abführenden Arterien der Kammern befinden sich die entsprechenden Taschenklappen; rechts die Lungenarterientaschenklappe und links die Aortentaschenklappe. Sie sind dafür zuständig, dass sie den Rückfluss des Blutes aus den Arterien in die Herzkammern verhindern.

Vorhöfe und Kammern sind jeweils durch Segelklappen voneinander getrennt. Auf der rechten Seite befindet sich die dreizipflige Segelklappe, auf der linken Seite die zweizipflige. Sie haben ebenso wie die Taschenklappen die Aufgabe, den Rückfluss des Blutes aus den Kammern in die Vorhöfe zu verhindern.

Alle Klappen liegen auf der so genannten Ventilebene.

Die muskulösen Herzwände bestehen aus drei Schichten. In den Innenräumen wird das Herz mit dem so genannten Endocard ausgekleidet. Die dicke Herzmuskelschicht bezeichnet man als Myocard. Die äußere, mit der Herzmuskulatur verwachsene Schicht ist das Epicard. Es bildet das innere Blatt des Herzbeutels, den man als Pericard bezeichnet. Zwischen diesen beiden Herzbeutelschichten, befindet sich ein dünner Flüssigkeitsfilm, der die Reibung bei den Herzbewegungen vermindert.

Die Herzkranzgefäße, die von der Hauptschlagader abzweigen, versorgen die Herzmuskulatur mit sauerstoffreichem Blut.

Physiologie des Herzens

Das Herz ist ein Hohlmuskel, der als Druckpumpe das Blut durch das Gefäßsystem des Körpers treibt. Es zieht sich rhythmisch zusammen und erschlafft anschließend wieder. Die Kontraktion nennt man Systole oder Arbeitsphase des Herzens, die Erschlaffung bezeichnet man als Diastole oder Erholungsphase.

Beide Herzhälften arbeiten weitgehend synchron, obwohl sie zu verschiedenen Kreislaufabschnitten gehören.

Der Blutdurchfluss erfolgt auf beiden Seiten in der gleichen Reihenfolge. Das Blut strömt jeweils aus Venen in die Vorhöfe; von dort fließt es durch die Segelklappen in die Kammern und von dort durch die Taschenklappen in die abführenden Arterien.

Die Systole kann man in zwei Phasen einteilen. Zunächst kommt es durch die Anspannung der Kammermuskulatur um die eingeschlossene Blutmenge zu einem Druckanstieg in den Kammern = Anspannungsphase. Dadurch schließen sich die Segelklappen auf jeder Seite und verhindern den Rückfluss des Blutes aus den Kammern in die Vorhöfe.

Wird der Druck in den beiden Kammern höher als der in den abführenden Arterien (Lungenarterie und Hauptschlagader), erfolgt die Austreibungsphase. Dazu öffnen sich die Taschenklappen an den abführenden Gefäßen und das Blut wird in den Lungen- und Körperkreislauf ausgetrieben. Die ausgeworfene Blutmenge bezeichnet man als Schlagvolumen.

Sobald das Blut aus den Kammern ausgetrieben ist, sinkt der Druck in den Kammern und die Taschenklappen schließen sich. Dadurch kann kein Blut in die Kammern zurückfließen.

Die sich anschließende Erschlaffungsphase oder Diastole der Kammermuskulatur kann man wiederum in zwei Phasen einteilen. Zuerst erfolgt die Entspannungsphase der Muskulatur. Mit Absinken des Druckes in den Kammern unter den der Vorhöfe, so öffnen sich die Segelklappen und die Füllungsphase folgt. Das Blut aus den Vorhöfen fließt dabei in die Kammern bis diese gefüllt sind. Die Segelklappen schließen sich und eine neue Systole folgt.

Bei jeder dieser Herzaktionen sind zwei Herztöne zu hören. Der erste dumpfe Ton wird durch die Anspannung der Kammermuskulatur zu Beginn der Systole verursacht. Der zweite hellere Ton entsteht durch das Schließen der Taschenklappen zu Beginn der Diastole.

Reizbildung/Reizleitung

Die Herzmuskulatur ist, wie die Skelettmuskulatur, quergestreift und in der Lage, sich in schneller Folge zu kontrahieren und zu erschlaffen. Sie ist jedoch nicht dem Willen unterworfen. Die Herzkontraktionen werden von einem eigenen Reizbildungs- und Erregungsleitungssystem gesteuert.

Das Erregungsbildungszentrum oder der natürliche Schrittmacher ist der Sinusknoten, der in der Wand des rechten Vorhofes liegt. Von diesem Zentrum werden Erregungen in Form elektrischer Ströme über spezielle Muskelfasern zum Atrioventrikularknoten (AV–Knoten) geleitet, der oberhalb der Kammerscheidewand liegt. Die Erregungen werden weiter über das His'sche Bündel zu den Tawara-Schenkeln und von hier an die Purkinje-Fasern der Ventrikelmuskulatur beider Herzkammern weitergeleitet. Hier lösen sie die Kontraktionen aus.

Aufgrund der elektrischen Ströme kann man ein Elektrokardiogramm aufzeichnen, welches aus der Herzstromkurve über die Erregungsbildung, den Erregungsablauf und eventuelle Störungen Auskunft gibt.

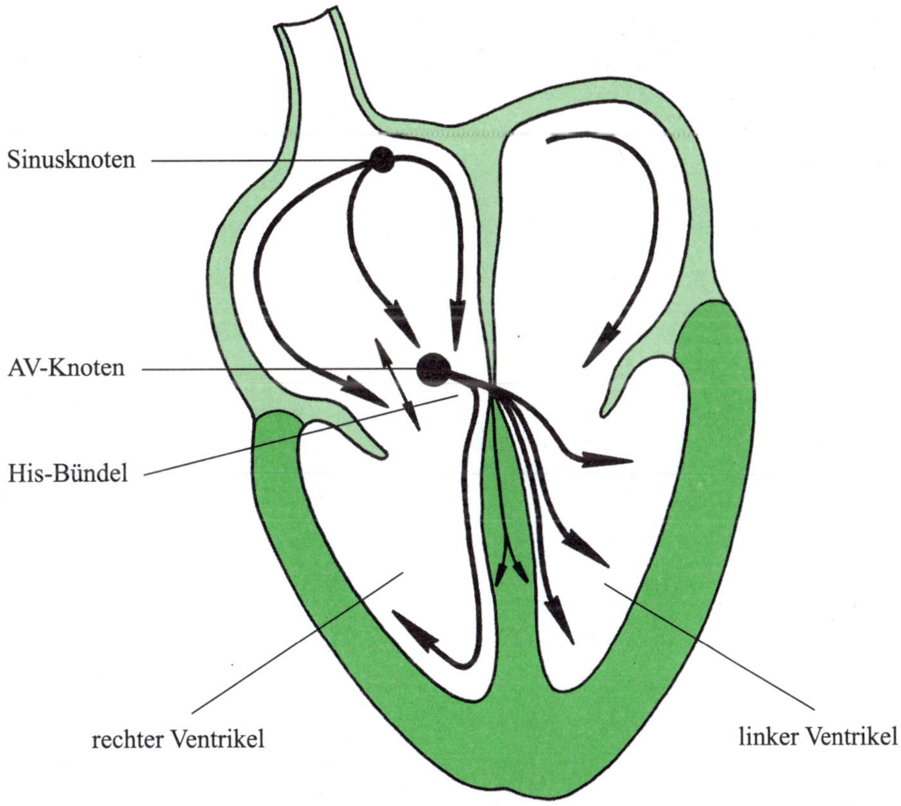
Sinusknoten
AV-Knoten
His-Bündel
rechter Ventrikel
linker Ventrikel

LS 164

Anatomie des Herzens

Arbeitsaufträge

1. **Beschriften Sie die Abbildung des Herzens mit deutschen Begriffen und Fachbegriffen!**
2. **Zeichnen Sie die Schichten des Herzens ein und benennen Sie diese!**

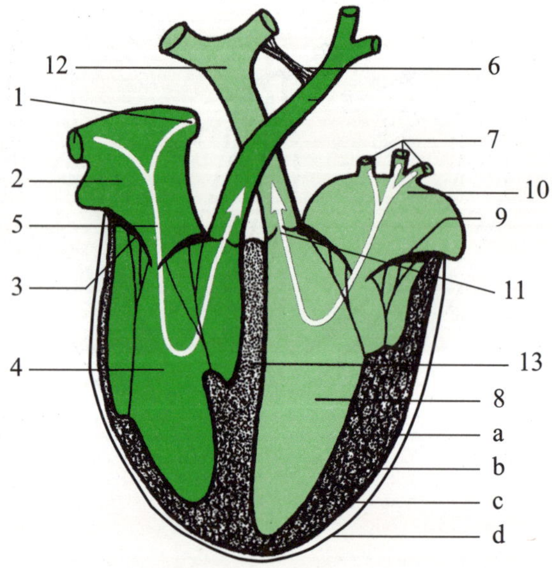

1 ______________________

2 ______________________

3 ______________________

4 ______________________

5 ______________________

6 ______________________

7 ______________________

8 ______________________

9 ______________________

10 ______________________

11 ______________________

12 ______________________

13 ______________________

a ______________________

b ______________________

c ______________________

d ______________________

LS 164

Traumreise in das Erregungsleitungs-system des Herzens

LF 9

Arbeitsauftrag: Setzen Sie die Fachbegriffe ein!

Ungefähr 60- bis 80-mal pro Minute könnten Sie das „Schlagen“ Ihres Herzens spüren. Eine riesige Menge Blut wird ständig im Herzen angesaugt und hinausbefördert. Jedes mal zieht sich der Herzmuskel (__________) rhythmisch zusammen und erschlafft wieder – ob Sie es wollen oder nicht. Das Herz schlägt. Die Energie dafür liefern „Spezialisten“ in der Nähe der Einmündungsstelle der oberen Hohlvene (__________________________) in den rechten Vorhof (__________________). Diese Spezialisten sind Zellen, die „Strom“ für die ständige Herzarbeit produzieren. Auf welchem Weg der Strom den Herzmuskel durchfließt, erfahren Sie jetzt:

Die Ansammlung der Spezialisten zur Stromerzeugung ist der Sinusknoten, eine Art Kraftwerk. Hier blitzt es heftig und rhythmisch. Dabei entstehen kleine Blitze (elektrische Impulse), die diesen Ort verlassen, um den gesamten Herzmuskel zu erreichen. Durch Störungen in diesem Kraftwerk können zu viele Blitze (_____________) bzw. zu wenig (_____________) entstehen.

Wir folgen einem dieser Blitze und erreichen am Boden des rechten Vorhofs in der Herzscheidewand (________) eine Raststätte, an der die Blitze kurz pausieren (AV-Knoten), um dann mit neuer Energie ihre Reise fortsetzen zu können. Sollte das Kraftwerk keine, oder nur unregelmäßig Blitze liefern (AV-Block), so ist die Raststätte in der Lage, eigene Blitze zu erzeugen und diese in größeren zeitlichen Abständen selbst auf den Weg zu bringen.

Normalerweise begibt sich ein Blitz, nachdem er sich kurz erholt hat, erneut auf den Weg. Dazu gelangt er in ein Kabel (______________). Nach wenigen Millimetern kommt der Blitz an eine Kreuzung, an der er sich entscheiden muss, den Weg nach rechts oder nach links fortzusetzen (______________________). Kurze Zeit später verzweigt sich das Kabel in viele kleiner werdende Äste (____________________), so dass sich der Blitz erneut entscheiden muss, welchen Weg er gehen möchte.

Nun erreicht der Blitz durch diese kleinen Kabeläste jede einzelne der sich zusammenziehenden Herzmuskelzellen, die den gesamten Herzmuskel rhythmisch zusammenziehen und erschlaffen lassen.

Das Elektrokardiogramm (____________) zeichnet diesen energiegeladenen Weg des Blitzes vom Sinusknoten bis zu den Herzmuskelzellen 60- bis 80-mal pro Minute auf.

Dabei entsteht durch die Blitze eine typische Kurve mit Zacken und Wellen, die sich mit jedem Zusammenziehen und Erschlaffen des Herzmuskels gleichbleibend wiederholt.

LF **10**

LS 165

Wiederholungsfragen Herz

Arbeitsauftrag: Beantworten Sie die folgenden Fragen!

1. a) Was geschieht bei der Systole und Diastole mit der Kammermuskulatur?

   Systole:

   Diastole:

   b) Wann öffnen sich die Segelklappen?

   c) Wann schließen sich die Segelklappen?

   d) Wann öffnen sich die Taschenklappen?

   e) Wann schließen sich die Taschenklappen?

2. Wie entstehen der erste und zweite Herzton?

   erster Herzton:

   zweiter Herzton:

3. Was versteht man unter Schlagvolumen?

4. Wo befinden sich die:

   a) Trikuspidalklappe („Trikuspidalis“)?

   b) Mitralklappe („Mitralis“)?

5. Welche Aufgaben haben die Klappen des Herzens?

___

6. In welcher Arterie ist das Blut sauerstoffarm?

___

7. In welchen Venen ist das Blut sauerstoffreich?

___

8. Wie bezeichnet man Gefäße die:

   a) vom Herzen wegführen? ___

   b) zum Herzen hinführen? ___

9. Der Durchfluss des Blutes auf jeder Herzseite (ohne Klappen) ist gleich, nämlich:

   ___ → ___ →

   ___ → ___

10. Welchen Bestandteil des Reizleitungssystems bezeichnet man als den natürlichen Herzschrittmacher?

___

11. Welche Bestandteile des Reizleitungssystems lösen die Kontraktionen der Herzmuskulatur aus?

___

12. Welchen Bestandteil des Reizleitungssystems unterstützt ein künstlicher Herzschrittmacher?

___

13. Was bedeutet die Aussage: „Die Herzmuskulatur arbeitet autonom"?

___

14. Mit welchen Geräten kann man die Herzarbeit aufzeichnen?

___

15. Welche Untersuchungsmethoden geben Aufschluss über die Herztätigkeit?

___

LF 10

Aufbau der Blutgefäße

Arbeitsauftrag

Lesen Sie den Text aufmerksam und unterstreichen Sie die wichtigsten Aussagen!

Zusammengehörende Arterien und Venen verlaufen meist mit Lymphgefäßen und Nerven gemeinsam in einem Gefäß-Nerven-Bündel, welches von einer Hülle aus Bindegewebe umgeben ist. Die Venen sind zahlreicher als die Arterien im Körper vorhanden; meistens verlaufen zwei Venen mit einer Arterie gemeinsam.

Arterien und Venen besitzen bis in die feinsten Verästelungen einen dreischichtigen Wandaufbau. Von den Kapillaren unterscheiden sie sich dadurch, dass deren Wand nur aus einer Schicht besteht.

Die innerste, dem Blutstrom zugewandte Schicht besteht aus einer spiegelnd glatten Epithelschicht, an der das Blut ohne Beschädigung der Blutkörperchen vorbeiströmen kann. Diese Gefäßinnenschicht bezeichnet man als Intima. Die mittlere Gefäßschicht enthält elastische und kollagene (eiweißartige) Bindegewebefasern und glatte Muskelzellen in unterschiedlicher Menge und Anordnung. Diese Schicht wird als Media bezeichnet.

In den großen, herznahen Arterien ist die Media besonders reich an elastischen Fasern, so dass die Gefäßwand die Druckschwankungen elastisch auffangen kann, die durch den stoßweisen Austritt des Blutes aus dem Herzen entstehen. In den kleineren Arterien besteht die Media hingegen vorwiegend aus glatten Muskelzellen und wenigen kollagenen Fasern. Dadurch kann der Gefäßdurchmesser verändert werden.

In der Media der Venen ist das Geflecht aus Bindegewebefasern und Muskelzellen viel lockerer als in den Arterien, da die Gefäßwand einem niedrigeren Druck standzuhalten hat.
Die äußere Gefäßwandschicht besteht aus lockerem Bindegewebe und bettet die Blutgefäße in ihre Umgebung ein. Sie enthält feinste Blutgefäße zur Versorgung der Gefäßwand und ein Geflecht aus autonomen Nervenfasern, welche die Muskelzellen innervieren (Innervation = Nervenversorgung). Diese Gefäßwandwandschicht bezeichnet man als Adventitia.

Eine besondere Einrichtung der Venen, besonders der Venen in der unteren Körperhälfte, sind die Venenklappen. Sie ragen als halbmondförmige Taschenklappen, welche von der Intima gebildet werden, in das Innere der Venen vor. In der Regel sind sie paarig angeordnet. Ihre Aufgabe ist es, den Rückfluss des Blutes zu verhindern.

LS 166

Gefäßaufbau: Venen und Arterien

LF 10

Arbeitsauftrag: **1. Beschriften Sie die Abbildungen!**

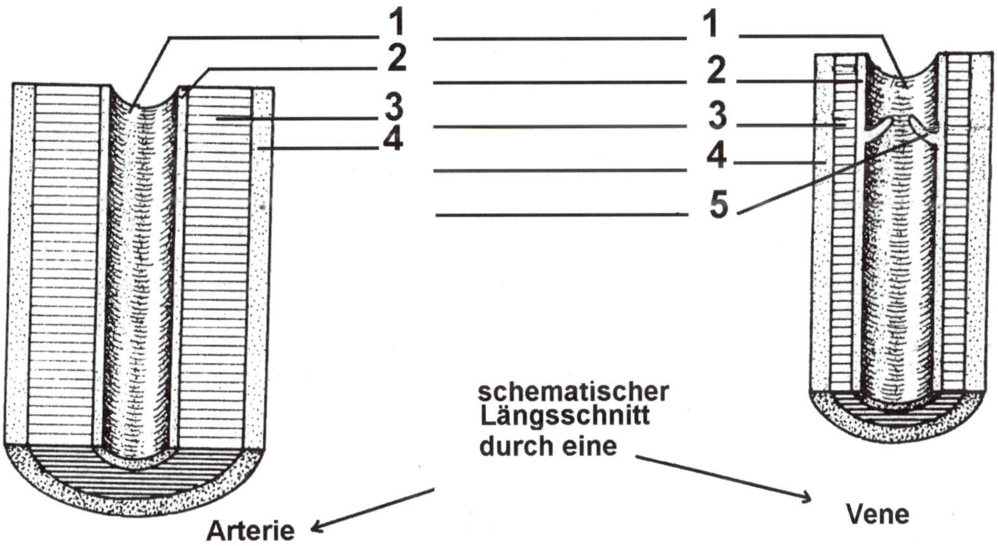

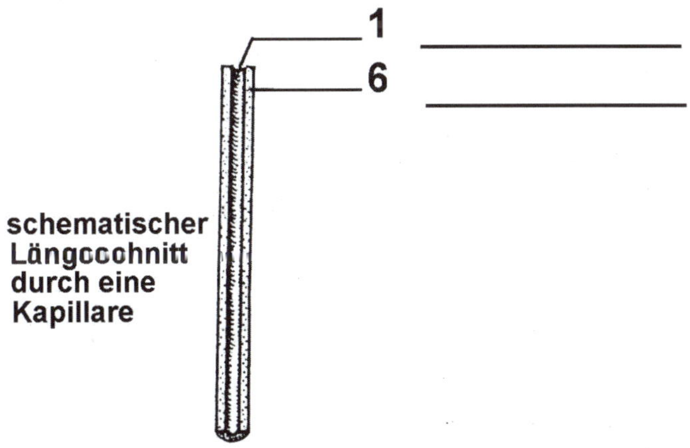

Arbeitsaufträge

2. Erarbeiten Sie die Gemeinsamkeiten und Unterschiede der Gefäßaufbauten!

3. Welche Funktion erfüllen die Venenklappen?

LS 167

Kreuzworträtsel Herz

LF 10

Arbeitsauftrag: **Setzen Sie die Fachbegriffe ein!**

1 Vene
2 Herzbeutel
3 äußere Gefäßschicht
4 Kammer
5 äußere Herzschicht
6 mittlere Gefäßschicht
7 Herz
8 dreizipflige Segelklappe
9 Herzinfarkt
10 Lunge
11 Herzinnenschicht
12 Arterie
13 Herzmuskelschicht
14 links
15 Facharzt für Herzkrankheiten

1 Herzscheidewand
2 Gefäßinnenschicht
3 rechts
4 Lunge
5 Herz
6 Arterie
7 Vorhof
8 zweizipflige Segelklappe

LF 10

LS 167

Termini Herz

Arbeitsauftrag: Geben Sie die deutschen Begriffe an!

Arterien	
Atrium dextrum	
Bikuspidalis	
Coronargefäße	
Diastole	
EKG	
Endocard	
Epicard	
Erythrozyten	
Hämatom	
Hämoglobin	
Hämopoese	
Hämostase	
Hauptschlagader	
Herzinsuffizienz	
Lungenvene	
Mitralis	
Myocarditis	
Obere Hohlvene	
Pericard	
Pulmonalarterie	
Septum	
Stenose	
Systole	
Trikuspidalis	
Venen	
Ventriculus sinister	

Herz/Lernkarten

LF 10

Arbeitsauftrag:
Schneiden Sie die Kärtchen auf den nachfolgenden Seiten aus und ergänzen Sie damit Ihre Terminisammlung. Verwenden Sie diese Karten zur Lernkontrolle, wie auf Seite V beschrieben.

Herz	Herzscheidewand
obere Hohlvene	Herzinnenhaut
untere Hohlvene	Herzmuskelschicht
rechter Vorhof	Herzaußenschicht

Herzseptum	**Cor**
Endocard	**Vena cava superior (cranialis)**
Myocard	**Vena cava inferior (caudalis)**
Epicard	**Atrium dextrum**

linker Vorhof	Herzbeutel
dreizipflige Segelklappe	Herzkranzgefäße
Arterien	Lungenarterie
Lungenarterie	Lungenvene
Venen	linker Vorhof
Lungenvenen	Intima

Pericard	**Atrium sinistrum**
Coronargefäß	**Trikuspidalis**
Arteria pulmonalis	**– Blutgefäße, die vom Herzen wegführen** **– in ihnen fließt (fast immer) sauerstoffreiches Blut**
Vena pulmonalis	**in ihr fließt sauerstoffarmes Blut**
Atrium sinistrum	**– Gefäße, die zum Herzen hinführen** **– in ihnen fließt (fast immer) sauerstoffarmes Blut**
– Gefäßinnenschicht **– besteht aus einer glatten Epithelschicht**	**in ihnen fließt sauerstoffreiches Blut**

rechte Herzkammer	Media
linke Herzkammer	Adventitia
Venenklappen	Herzinfarkt
zweizipflige Segelklappe	EKG
Herzinsuffizienz	Stenose

– mittlere Gefäßschicht – enthält elastische Fasern und glatte Muskelzellen	Ventriculus dexter
– äußere Gefäßwandschicht – besteht aus lockerem Bindegewebe	Ventriculus sinister
– Verschluss einer Coronararterie – Sauerstoffunterversorgung der Herzmuskulatur, Absterben von Gewebe	– sind halbmondförmige Taschenklappen – verhindern den Rückfluss des Blutes
Elektro-kardiographie	Mitralis, Bikuspidalis
Verengung	eingeschränkte Funktion, Herzversagen

Arbeitsauftrag
Lesen Sie den Text und markieren Sie wichtige Aussagen!

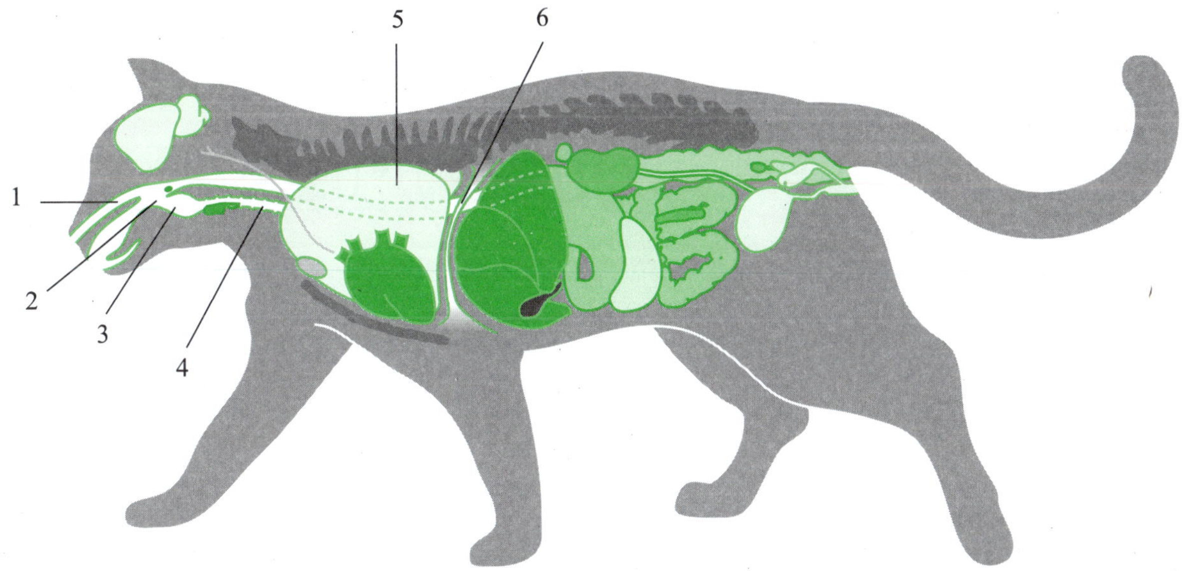

1. Anatomie der Lunge
Die Lunge besteht aus zwei Lungenflügeln, die durch jeweils einen Hauptbronchus mit Luft versorgt werden. Die Lungenflügel sind in eine tierartlich unterschiedliche Anzahl von Lungenlappen (Spitzen-, Mittel-, Zwerchfell und Anhangslappen) unterteilt. Der linke Lungenflügel ist aufgrund der Lage des Herzens kleiner. Die Lungenlappen werden durch die Lappenbronchien versorgt, die aus Aufzweigungen der Hauptbronchien entstehen und sich wiederum weiter verzweigen.
Die Eintrittsstelle der Bronchien und der großen Gefäße in die Lunge wird Lungenwurzel (= Lungenhilus) genannt.
Der obere Lungenanteil wird als Lungenspitze bezeichnet. Der dem Zwerchfell anliegende Lungenbereich stellt die Basis dar.
Außen wird die Lunge vom Brustfell (= Pleura) umgeben, das sich aus zwei leicht gegeneinander verschiebbaren Blättern zusammensetzt.
Das innere Blatt (= Lungenfell) überzieht die Lunge und ist mit dieser verwachsen, das äußere Blatt (= Rippenfell) kleidet die Brusthöhle aus. Zwischen diesen beiden Pleurablättern befindet sich der schmale Pleuraspalt.
Die beiden Lungenflügel werden durch den Mittelfellraum (= Mediastinum) voneinander getrennt. Im Mediastinum liegen das Herz, der kaudale Anteil der Luftröhre mit den Hauptbronchien, die Speiseröhre, große Gefäße, Lymphknoten und Thymus.

Flimmerepithel

Unzählige Flimmerhaare schlagen wie vom Wasser bewegte Seegrashalme im gleichen Rhythmus, um den Schleim und darin gefangene Staubpartikel und Mikroorganismen aus den Atemwegen zu entfernen.

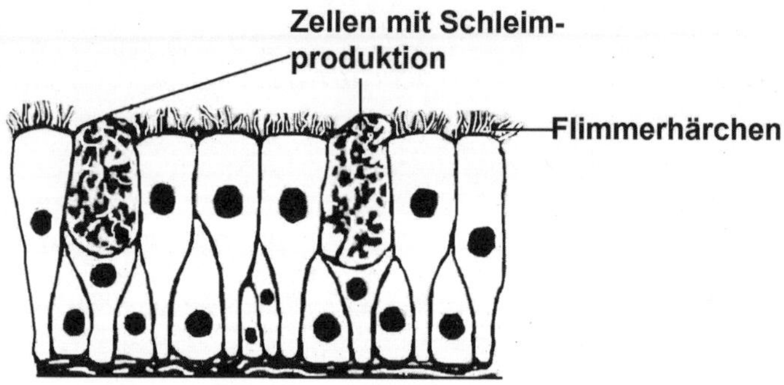

Die Haare sitzen auf den Schleimhautzellen die die Luftwege auskleiden. Ihr Wellenschlag hält den Schleim im Fluss.

3. Kreuzung von Atem- und Speiseweg im Rachen

Beim Schlucken wird der Nasen-Rachen-Raum durch Anheben des Gaumensegels und Anspannung der Rachenwand abgedichtet. Durch eine Aufwärtsbewegung des Kehlkopfes legt sich der Kehldeckel automatisch über den Kehlkopfeingang und verschließt so die Luftröhre.

4. Bronchialbaum

Die Luftröhre teilt sich in zwei Hauptbronchien, die zu den Lungenflügeln ziehen. Die Hauptbronchien verzweigen sich rasch weiter und bilden das weit verästelte Bronchialsystem, das auch als Bronchialbaum bezeichnet wird. Die Endäste des Bronchialbaums gehen in die Lungenbläschen (= Alveolen) über, in denen der Gasaustausch stattfindet.

Pferdelunge

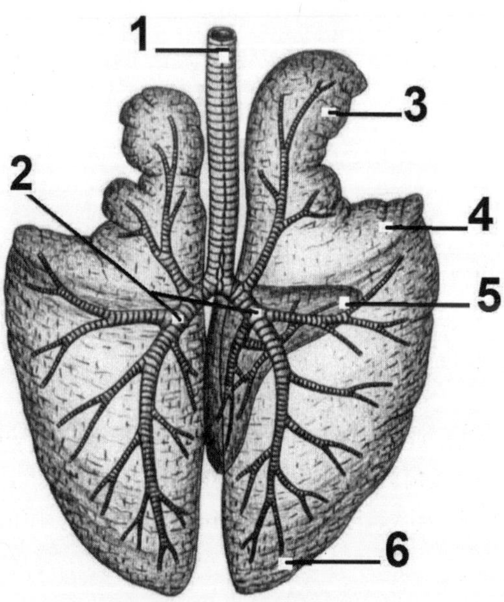

5. Alveole

Die Alveolen sind wie Trauben um die Endäste des Bronchialbaums angeordnet. Sie bestehen aus einschichtigem Plattenepithel und sind von einem Kapillargeflecht umgeben.

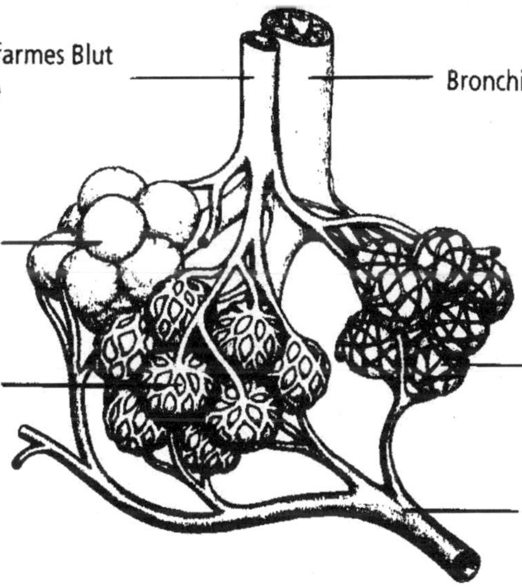

Der Gasaustausch geschieht jeweils durch einen Konzentrationsausgleich von der höheren zur niedrigeren Konzentration.

6. Gasaustausch in den Alveolen und im Körpergewebe

Man unterscheidet die äußere und die innere Atmung. Der Gasaustausch der äußeren Atmung findet in den Lungenbläschen zwischen Einatmungsluft und Blut statt.
Der Gasaustausch der inneren Atmung vollzieht sich zwischen Blut und den Körpergeweben.
Bei der Einatmung (Inspiration) gelangt sauerstoffreiche (21%) und kohlendioxidarme (0,03%) Luft in die Alveolen.
Aus dem Alveolarraum dringt der Sauerstoff in die Kapillaren und wird über die Lungenvenen zur linken Herzhälfte transportiert. Von dort wird es über Aorta, Arterien und Kapillaren an die Körpergewebe abgegeben.
Aus dem Körper werden das kohlendioxidreiche (4%) und sauerstoffarme (16%) Blut durch das Kapillargeflecht der Alveolen auf eine große Oberfläche verteilt. Durch die dünne, gasdurchlässige Alveolenwand dringt das Kohlendioxid in den Alveolarraum und wird bei der Ausatmung (Exspiration) nach außen abgegeben.

7. Atemmechanik

Die Lunge hat keine Eigenbewegung; die Einatmung kommt durch aktive Muskelarbeit, also durch Brustkorberweiterung und Kontraktion des Zwerchfells, zustande. Dadurch erfolgt eine passive Ausdehnung der Lunge.
Die Ausatmung geschieht durch Erschlaffen der Atemmuskulatur, also Brustkorbverengung und Erschlaffung des Zwerchfells. Hierdurch wird die Luft aus dem sich verkleinernden Raum herausgedrückt. Bei erschwerter Atmung kommt es zur sog. „Bauchpresse“, d.h., die Bauchmuskeln werden kontrahiert und damit die Bauchorgane gegen das Zwerchfell gedrückt.

8. Besonderheiten des Atmungssystems bei Tieren

Allgemein: Die Anzahl der Lungenlappen ist tierartspezifisch unterschiedlich, bei Pferden fehlt der mittlere Lungenlappen. Die Größe der Alveolen ist tierartspezifisch (Pferd: 0,1 mm Exspiration, 0,3 mm Inspiration)

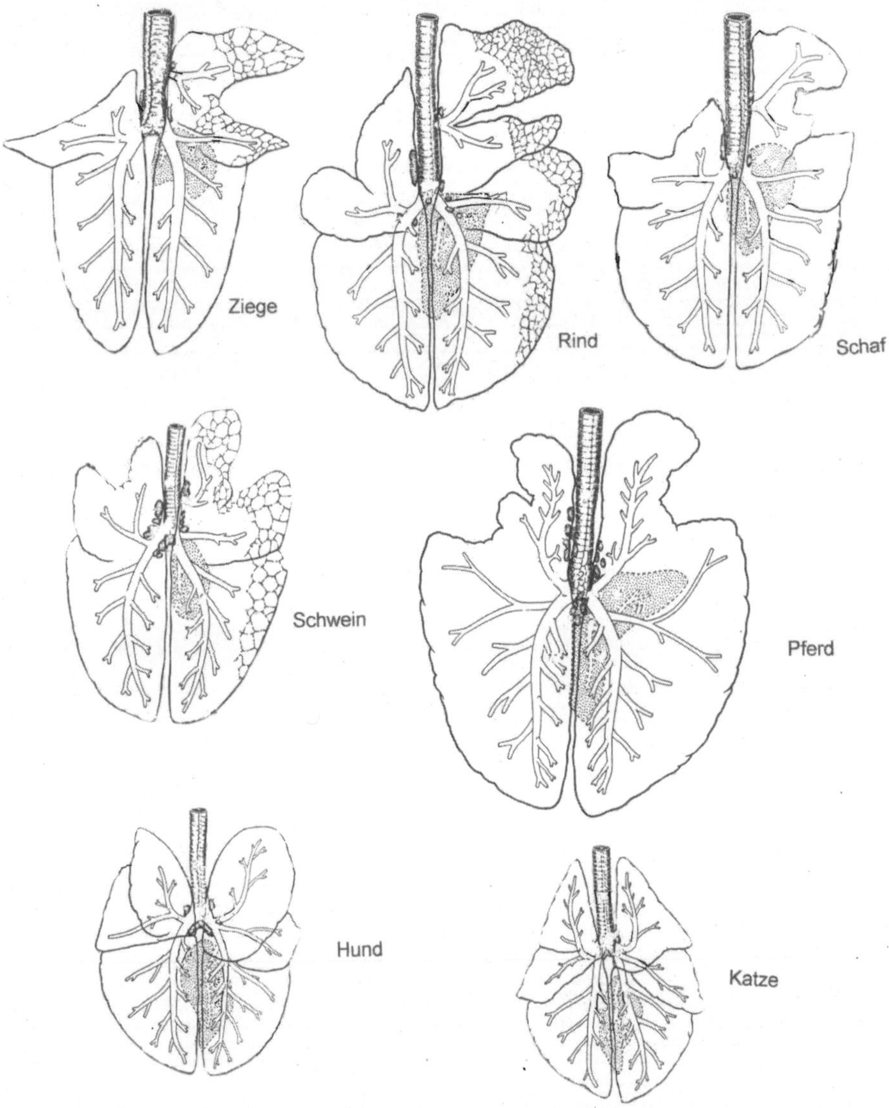

Die Nase, das Riechorgan, des Hundes ist wesentlich besser entwickelt als beim Menschen. Grob zu erkennen ist das schon an der Anzahl der Riechzellen. Zwischen den Hunderassen gibt es erhebliche Unterschiede. Ganz grob kann man hier sagen: Je länger die Hundeschnauze, desto besser das Riechvermögen. So hat z.B. der Mensch 5 Millionen Riechzellen, der Dackel 125 Millionen und der Schäferhund 220 Millionen. Für seine Riech- und Spürfähigkeiten ist der Bloodhound als „Nonplusultra“ bekannt. Zur Beurteilung der Riechleistung reicht das aber bei Weitem nicht aus: Messungen haben ergeben, dass das Riechvermögen des Hundes etwa eine Million Mal besser ist als das des Menschen. Der Hund kann in kurzen Atemzügen bis zu 300-mal in der Minute atmen, so dass die Riechzellen ständig mit neuem „Material“ versorgt werden.

Vögel:

- Bei Vögeln fehlt der Kehldeckel.
- Vögel verfügen über den so genannten Syrinx, der ihnen das Singen ermöglicht.
- Der Kehlkopfeingang ist schlitzförmig und kann stark erweitert werden.
- Vögel haben keine Alveolen, sondern feinste untereinander verbundene Bronchiolen (netzartig) – Luftkapillaren – die das eigentliche Atmungsgewebe darstellen.
- Von den größeren Bronchialverzweigungen gehen Verbindungen zu Luftsäcken ab und wieder zurück.
- Luftsäcke entspringen an der Lunge und erstrecken sich (in 5 Paaren angeordnet) durch den ganzen Körper. Sie sind nicht mit Atmungsepithel ausgekleidet, beteiligen sich also nicht am Gasaustausch, allerdings passiert die Luft der Luftsäcke zweimal die Lunge (Einatmung und Ausatmung).

Aufgabe der Luftsäcke:

- Regulation der Körpertemperatur
- Gleichgewichtsregulation beim Fliegen
- Körpervergrößerung für den Flug (Abnahme des spezifischen Gewichts)
- Polsterung des Körpers
- Beteiligung an der Stimmbildung

9. Atemstillstand

Ein Atemstillstand stellt einen absoluten Notfall dar. Er kann durch verschiedene Ursachen ausgelöst werden und bedarf eines sofortigen Handelns, um Spätschäden wie z.B. neurologische Erkrankungen oder Ausfälle zu vermeiden.

Zu Erkennen ist ein Atmstillstand, indem man das Heben und Senken des Brustkorbs sehen oder Atemgeräusche hören kann, oder mit einem feuchten Handrücken vor der Schnauze des Tieres den Luftstrom spüren kann.

Ist keine Atmung vorhanden, müssen sofort Erstmaßnahmen eingeleitet werden. In dem Fall ist davon auszugehen, dass das Tier auch bewusstlos ist. Sind die Atemwege frei und die Zunge nach vorn gezogen, schließt man dem Tier die Schnauze mit der Hand und überstreckt den Hals. Das Tier wird mit vorgehaltenem Tuch durch die Nase etwa drei Sekunden beatmet. Dabei ist darauf zu achten, dass sich der Brustkorb hebt, aber nicht zu sehr vorwölbt.

LS 168–170

Fragen zur Atmung

Arbeitsauftrag: Bearbeiten Sie die folgenden Aufgaben!

1. Beschriften Sie die Abbildung a) der Katze!

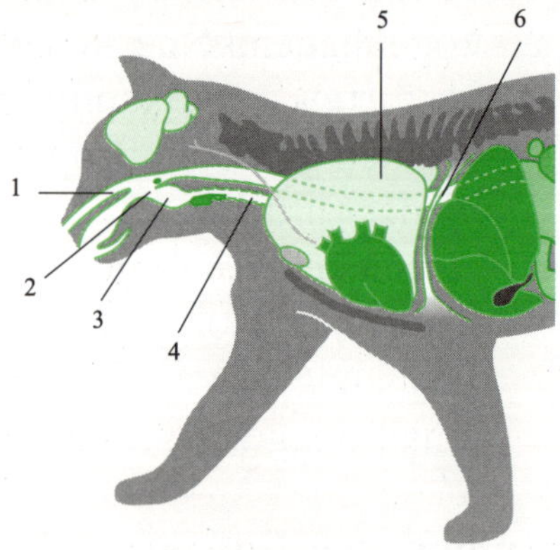

1 ______________________________

2 ______________________________

3 ______________________________

4 ______________________________

5 ______________________________

6 ______________________________

b) der Lunge des Pferdes!

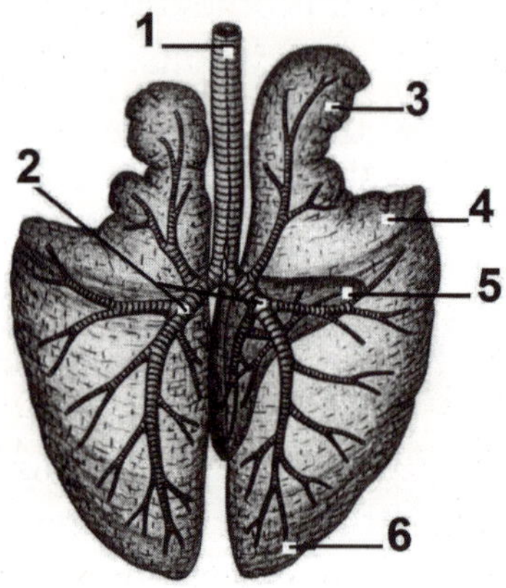

1 ______________________________

2 ______________________________

3 ______________________________

4 ______________________________

5 ______________________________

6 ______________________________

2. a) Welche Aufgabe hat das Epithel der Atemwege?

____

b) Wie kann es diese Aufgabe erfüllen?

____

____

3. Die Atemluft wird auf ihrem Weg zur Lunge in der Nase sinnvoll vorbereitet. Erläutern Sie bitte mit Hilfe eines Fachbuches die Aufgaben der Nase!

____

____

____

4. Aus welchen Anteilen setzt sich das Brustfell zusammen?

____

5. Kreuzen Sie die richtigen Aussagen an!
   - ☐ Bei der Inspiration gelangt Sauerstoff in die Lungenalveolen.
   - ☐ Die innere Atmung findet in der Lunge statt.
   - ☐ Kohlendioxyd gelangt aus dem Blutkapillaren in die Alveolen.
   - ☐ Bei der Exspiration gelangt Sauerstoff in das Gewebe.
   - ☐ Das Zwerchfell ist der Hauptatemmuskel.
   - ☐ Die Intercostalmuskeln findet man im Rachen.
   - ☐ Die äußere Atmung findet zwischen Lungenalveolen und Blut statt.
   - ☐ Die Eustachische Röhre dient dem Druckausgleich.

6. Was versteht man unter einem Pneumothorax?

   ____

7. Wodurch wird ein Verschlucken der Speisen in die Luftröhre beim so genannten Schluckakt verhindert?

   ____

   ____

8. Warum ist der linke Lungenflügel kleiner als der rechte?

   ____

9. Wo finden die a) äußere und b) die innere Atmung statt?

   ____

10. Welche Besonderheit weisen Pferde hinsichtlich der Lungenlappen auf?

    ____

11. Welche Aufgabe haben die Luftsäcke der Vögel?

    ____

    ____

    ____

12. Welche Unterschiede bestehen zwischen dem Lungengewebe von Vögeln und Säugetieren?

    ____

    ____

13. Welcher Bestandteil des Atmungssystems fehlt bei Vögeln?

    ____

14. Woran kann man erkennen, ob ein Atemstillstand eingetreten ist?

____

____

15. Folgen Sie dem Weg eines roten Blutkörperchens und tragen Sie die Stationen in den Text ein!

Stellen Sie sich vor, dass Sie als ein winziges Sauerstoffmolekül in der Luft durch zwei ovale Torbögen in einen menschlichen oder tierischen Organismus gelangen und in einer langen Höhle landen.

1. Es handelt sich um die ______________________________.
Dort erblicken Sie ein Gebilde, welches wie ein Urwald mit lauter Staub beladenen Bäumen aussieht. Auf der einen Seite sehen Sie eine steile Wand. Sie gelangen durch ein weiteres Tor am hinteren Ende in einen roten Schlauch mit weichen Wänden senkrecht nach unten.

2. Dieser Schlauch ist der ______________________________.
Sie kommen an einem weiteren Torbogen vorbei und sehen in eine weitere Höhle. Sie ist ausgefüllt mit einem roten beweglichen Teppich, der von 32 weißen Felsblöcken umgeben ist. Sie biegen nach unten in einen neuen Weg mit festen Wänden ab. Der Eingang wird durch einen länglichen Deckel verschlossen, der sich manchmal hebt und sich wieder senkt. Vor Ihnen befinden sich weiche vibrierende Falten und die Luft beginnt zu schwingen.

3. Sie befinden sich im ______________________________.
Sie gelangen durch die Falten hindurch in eine runde Röhre mit stabilen Seitenwänden, die mit beweglichen Fäden überzogen sind.

4. Diese Röhre ist die ______________________________.
Irgendwann zweigt sich die Röhre in zwei Äste auf und Sie fliegen nach links. Sie kommen an weiteren Abzweigungen und Verästelungen vorbei und es wird immer enger.

5. Die Verästelungen sind die ____.
Plötzlich befinden Sie sich in einem schmalen Gang, von dem einige Räume abgehen, die wie kleine Luftballons aussehen. Sie werden größer wenn Luft hineinströmt und es ist darin warm und feucht.

6. Die Luftballons sind die ____.
Die Wände der Ballons sind sehr dünn und dahinter schimmert es rötlich. Sie zwängen sich durch die Wand hindurch und tauchen in eine warme, rote Flüssigkeit.

7. Die Flüssigkeit ist ______________________.
Sie fließt in einem schmalen Bach, und Sie fließen langsam mit. Der Bach ist salzig, enthält aber auch süße Zuckermoleküle. Sie entdecken viele rote, runde Scheiben.

8. Bei diesen Scheiben handelt es sich um ______________________________________.
Auch ihre Hülle ist sehr dünn. Sie gelangen ins Innere der Scheibe und sehen viele dunkelrote Kugeln an deren Ecken es metallisch glänzt. Sie werden wie ein Magnet angezogen und sind locker mit ihm verbunden.

9. Der Magnet ist ________________________.
Alle Sauerstoffmoleküle, die mit Ihnen eingedrungen sind, verbinden sich mit den Metallen. Dabei färbt sich der ganze Bach hellrot und fließt langsam weiter.

10. Der Bach ist eines der kleinsten Gefäße im Körper, eine ________________.
Zusammen mit anderen Bächen fließt er in einen größeren hellroten Fluss. Dieser Fluss mündet mit weiteren Flüssen in einen breiteren Strom.

11. Dieser Strom ist eine ________________________.
Schließlich ergießt sich der Strom in ein Staubecken. Von links und rechts fließen drei weitere Ströme hinein. Bald ist das Staubecken bis oben voll.

12. Das Staubecken ist der ________________________.
Sie tauchen auf den Boden des rötlichen Beckens und vor Ihnen schimmern zwei weiße halbkreisförmige Segel. Sie bilden eine geschlossene kreisrunde Fläche. Sie ruhen sich auf einem Segel kurz aus und plötzlich spüren Sie ein Beben unter sich und die beiden Segel klappen nach unten weg.

13. Die zwei Segel bilden zusammen die ____.
Sie gelangen zwischen den Segeln hindurch in einen größeren Raum mit dicken, roten Wänden, an denen kräftige Säulen emporragen. Zwischen ihnen sind tiefe Nischen. Es sieht aus wie in einer Kathedrale. Sie sehen, dass die Öffnung zwischen den beiden Segeln über Ihnen noch nicht geschlossen ist.

14. Der Raum mit den dicken Wänden ist die ________________________.
Sie erschrecken, weil sich die Wände des Raums nach innen auf Sie zu bewegen und der Platz sehr eng wird. Sie werden mit der Flüssigkeit nach oben gegen die beiden Segel gedrückt, die jetzt wieder hochklappen und die Öffnung verschließen. Es wird enger und enger, der Druck wird immer stärker. Sie entdecken neben den beiden Segeln in der Ecke einen Ausgang, der aus drei weißen dreieckigen Klappen gebildet wird. Sie werden mit der Flüssigkeit gegen die Klappen gepresst und durch den Druck werden die Klappen nach oben aufgestoßen, und Sie werden mit einem Schwall Flüssigkeit durch die Öffnung geschleudert.

15. Die drei Klappen bilden zusammen die ________________________.
Hinter Ihnen schießen sich die Klappen wieder. Sie gelangen mit großem Tempo durch ein großes dickwandiges Rohr. Nach kurzer Strecke sehen Sie in einem Bogen drei Nebenröhren, die nach oben abgehen, aber Sie bleiben im Hauptrohr und rasen weiter nach unten.

16. Das Hauptrohr ist die ________________________.
Etwa einmal in der Sekunde wird der Flüssigkeitsstrom von hinten ruckartig angeschoben. Irgendwann gabelt sich das Hauptrohr. Weitere Abzweigungen tauchen auf und Sie biegen in eine der vielen Nebenröhren ab, in denen der Druck und die Strömungsgeschwindigkeit hoch sind.

17. Diese Röhren sind die ____________________.
Nach und nach lässt der Druck nach und Sie fließen wieder langsam in einem hellroten Bach, der mit vielen anderen Bächen eine weite Seenlandschaft bewässert.

18. Dieser Bach ist eine ______________________________.
In der Nähe einer von zahlreichen Inseln lösen Sie sich von dem Magneten, der Sie bis jetzt mitgezogen hat und Sie pressen sich durch die Hülle der Scheibe und verlassen zusammen mit vielen anderen Sauerstoffmolekülen den hellroten Bach, der jetzt dunkelrot wird. Nun schwimmen Sie im klaren warmen Salzwasser zwischen den Inseln, von denen jede von einer dünnen Hülle umgeben ist.

19. Die Insel ist eine __________.
Sie durchstoßen die Hülle und die süßen Zuckermoleküle, die mit Ihnen im Bach trieben, und gelangen ins Innere der Insel in ein Labyrinth aus Gängen und Hohlräumen. Sie folgen den Zuckermolekülen zu ovalen Gebilden und schlüpfen in eines hinein. Sie sehen, wie der Zucker gespalten wird und Kohlendioxidmoleküle entstehen. Dabei wird es ziemlich warm. Sie selbst verwandeln sich dabei in ein Wassermolekül.

20. Diese Kraftwerke der Inseln sind ____________________.
Nun geht es auf die Rückreise. Sie folgen dem Kohlenstoffdioxid aus der Insel hinaus bis in den dunkelroten Bach, der irgendwann in einen dunkelroten Fluss mündet.

21. Der dunkelrote Fluss ist eine ________________.
Er mündet in den unteren breiten Hauptstrom des Körpers, in dem die Flüssigkeit nur langsam fließt und ein niedriger Druck herrscht; Sie fließen jetzt senkrecht nach oben.

22. Der untere Hauptstrom ist die ________________________.
Mit ihm gelangen Sie in ein neues Staubecken, in das von oben ein weiterer Strom mündet.

23. Bei diesem Becken handelt es sich um den ________________________.
Am Boden des Beckens erkennen Sie wieder weiße Segel, die eine Öffnung verschließen. Diesmal sind es drei Segel.

24. Die drei Segel bilden zusammen die ______________________________________.
Wieder gelangen Sie durch die Segel hindurch in einen roten Raum. Allerdings hat er dünnere Wände und schlankere Säulen, als der Raum, in dem Sie auf der Hinreise waren.

25. Dieser Raum ist die ________________________.
Auch hier bewegen sich die Wände des Raumes plötzlich auf Sie zu. Der Raum wird kleiner, der Druck höher, die Segel verschließen die Öffnung, durch die Sie gekommen sind. Stattdessen öffnen sich neben Ihnen drei dreieckige Klappen. Durch sie verlassen Sie den Raum nach oben.

26. Die drei Klappen bilden zusammen die ________________________________.
Jetzt befinden Sie sich wieder in einem großen Rohr, das sich bald in zwei kleinere Röhren aufteilt. Sie gehen nach links und rechts ab.

27. Die beiden Röhren sind die linke und die rechte ____________________________.
Sie fließen nach rechts. Bald tauchen wieder Abzweigungen auf, aus Flüssen werden Bäche. Schließlich sind Sie wieder in einem Bach, der über die Oberfläche eines der kleinen elastischen Luftballons fließt.

28. Jetzt sind Sie wieder in der ______________________________.
Als Wassermolekül, in das Sie verwandelt sind, gelangen Sie zusammen mit Kohlendioxid aus dem Bach hinaus in einen der Ballons und verlassen beim nächsten Ausatmen den Körper.

Atmung/Einatmung/Ausatmung

Arbeitsauftrag: Ergänzen Sie die Begriffe zu ganzen Sätzen!

Funktionsweise der Inspiration

Die Zwischenrippenmuskulatur ______________________________

Das Zwerchfell ______________________________

Der Brustkorb ______________________________

Die Pleurablätter ______________________________

Die Lunge ______________________________

Die Luft ______________________________

Funktionsweise der Exspiration

Die Zwischenrippenmuskulatur ______________________________

Das Zwerchfell ______________________________

Der Brustkorb ______________________________

Die Pleurablätter ______________________________

Die Lunge ______________________________

Die Luft ______________________________

Arbeitsauftrag: Kreuzen Sie an! Welche Aussagen sind richtig?

a) Das Zwerchfell

- ☐ hcbt sich bci dcr Einatmung
- ☐ senkt sich bei der Ausatmung
- ☐ senkt sich bei der Einatmung
- ☐ hebt sich bei der Ausatmung

b)

- ☐ die Hauptatemmuskulatur ist die Interkostalmuskulatur
- ☐ der Hauptatemmuskel ist das Zwerchfell
- ☐ das Brustfell besteht aus Rippenfell und Lungenfell
- ☐ das Brustfell besteht aus Rippenfell und Zwerchfell

c)

- ☐ bei einem Pneumothorax dringt Luft in den Zwerchfellspalt
- ☐ bei einem Pneumothorax gelangt Luft zwischen Rippenfell und Lungenfell
- ☐ eine Lungenentzündung bezeichnet man als Pulmonitis
- ☐ der Fachbegriff für eine Lungenentzündung ist Pneumonie

LF 10

LS 171

Gasaustausch

Arbeitsauftrag: Setzen Sie die fehlenden Begriffe sinnvoll ein!

Man unterscheidet die äußere und die innere Atmung. Der Gasaustausch der ______________ Atmung findet in den ______________________ zwischen Einatmungsluft und Blut statt. Der Gasaustausch der ______________________ Atmung vollzieht sich zwischen Blut und den Körpergeweben.

Bei der Einatmung (= ______________________) gelangt sauerstoffreiche (21%) und kohlendioxidarme (0,03%) Luft in die Alveolen.

Aus dem Alveolarraum dringt der Sauerstoff in die ______________________ und wird über die ____________________ zur linken Herzhälfte transportiert. Von dort wird es über Aorta, Arterien und Kapillaren an __________________ und __________________ abgegeben.

Aus dem Körper wird das ________________________ und ________________________ Blut durch das Kapillargeflecht der Alveolen auf eine große Oberfläche verteilt. Durch die dünne, gasdurchlässige Alveolenwand dringt das Kohlendioxid in den Alveolarraum und wird bei der Ausatmung (= ____________________________) nach außen abgegeben.

Atmung

Arbeitsauftrag: Füllen Sie die folgenden Lücken mit den vorgegebenen Begriffe sinnvoll auf!

Speiseröhre – strafft – Bronchienäste – Lungenfell – Atemluft – Atmungsorgan – strömt aus – Luftröhre – Rippenmuskeln – Lungenflügeln – Zwerchfell – reibungslos – ausdehnen – Verzweigungen – Lungenflügel – nicht beteiligt – Brusthöhle – zusammengepresst – Durchmesser – Ausatmen – Zwerchfell

Die Lunge ist das ______________________ bei Menschen und Tieren. Sie besteht aus zwei Teilen, dem linken und dem rechten ______________________. Sie unterscheidet sich anatomisch bei den verschiedenen Tierarten. Zusammen mit dem Herzen, das zwischen den beiden ______________________ liegt, füllt die Lunge die ______________________ aus. Nach unten hin ist die Brusthöhle durch das ______________________ von der Bauchhöhle getrennt. Das Zwerchfell hat keinen Durchlass für die ______________________, die ebenfalls zwischen den beiden Lungenflügeln verläuft. Außen ist die Lunge von einer glatten, feuchten Haut, dem ______________________ überzogen, das bei den Atembewegungen ______________________ am Rippenfell entlang gleiten kann. Die ______________________ ist ein Schlauch und durch Knorpelspangen versteift. Er hat bei verschiedenen Tierarten einen unterschiedlich großen Durchmesser. Er gabelt sich in die beiden ______________________. Diese wiederum verzweigen sich immer weiter in feine Verästelungen, die schließlich nur noch einen ______________________ von 0,5 mm haben. Durch diese ______________________ verteilt sich die ______________________ in der ganzen Lunge. An den eigentlichen Atembewegungen ist die Lunge selbst ______________________. Sie wird vielmehr erweitert, wenn die ______________________ den Brustkorb ______________________ und wenn sich das Zwerchfell nach unten hin ______________________. Dann strömt die Luft ein. Beim ______________________ wölbt sich das ______________________ nach oben und die Rippenmuskeln verkleinern den Brustkorb wieder. Dabei wird die Lunge ______________________ und die Atemluft ______________________.

LF 10

LS 172

Kreuzworträtsel Atmung

Arbeitsauftrag: **Setzen Sie die Fachbegriffe ein!**

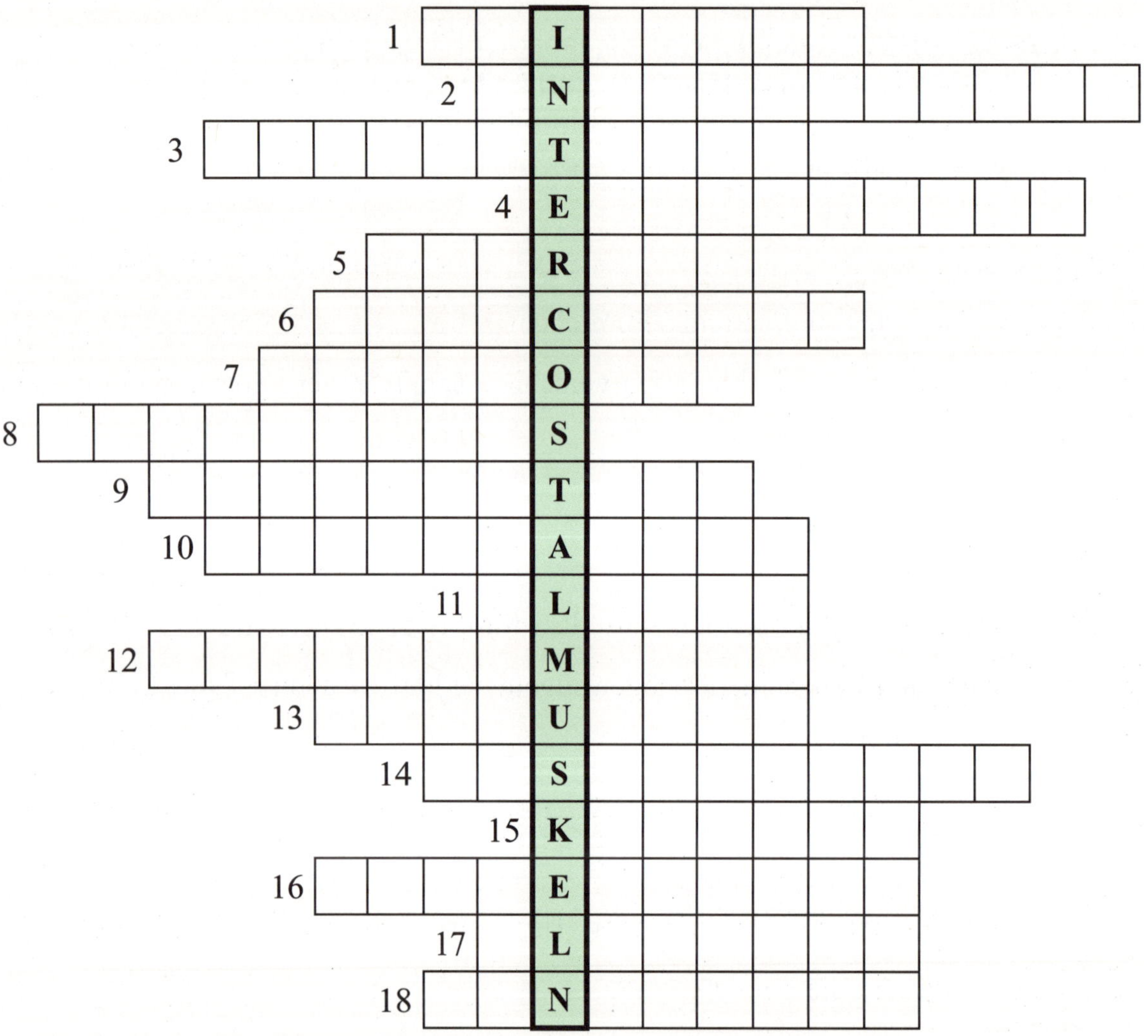

1 Nasenschleimhautentzündung
2 Luft dringt in Pleuraspalt
3 Mittelfellraum
4 Kehldeckel
5 Rachen
6 Luftröhrenentzündung
7 Lungenentzündung
8 Kehlkopfentzündung
9 Atmung
10 Einatmung
11 Brustfell
12 Eiteransammlung in der Lunge
13 Konzentrationsausgleich
14 Ausatmung
15 Entzündung an Schleimhäuten
16 Lungenwurzel
17 Lungenbläschen
18 Mandeln

Atmung/Lernkarten

LF 10

Arbeitsauftrag:
Schneiden Sie die Kärtchen auf den nachfolgenden Seiten aus und ergänzen Sie damit Ihre Terminisammlung. Verwenden Sie diese Karten zur Lernkontrolle, wie auf Seite V beschrieben.

Nase	Luftröhrenäste
Rachen	Lungenbläschen
Kehlkopf	Gasaustausch
Kehldeckel	Zwerchfell
Luftröhre	Einatmung

Bronchien	**Nasus, Rhinos**
Alveolen	**Pharynx**
durch Konzentrationsaustausch (Diffusion)	**Larynx**
Diaphragma	**Epiglottis**
Inspiration	**Trachea**

Lunge	Ausatmung
Brustfell	Larynxkarzinom
Zwischenrippenmuskeln	Gase der Einatmungsluft
Pneumothorax	Gase der Ausatmungsluft
Ohrtrompete	innere Atmung
Lungenentzündung	äußere Atmung

Exspiration	**Pulmo**
Kehlkopfkrebs	**Pleura**
Stickstoff 78 % **Sauerstoff 21 %** **Kohlendioxyd 0,03 %**	**Intercostalmuskeln**
Stickstoff 78 % **Sauerstoff 17 %** **Kohlendioxyd 4 %**	**Luft dringt in den Pleuraspalt; Lunge fällt zusammen**
Gasaustausch zwischen Blut und Geweben	**Tuba auditiva** **Eustachische Röhre**
– Gasaustausch zwischen Blut und Lungenalveolen **– Sauerstoff in Alveolen wird an Blut abgegeben; Kohlendioxyd aus dem Blut wird über Alveolen ausgeatmet**	**Pneumonie**

LS 172

Termini Atmung

LF 10

Arbeitsauftrag: Geben Sie die deutschen Begriffe an!

Alveolen

Bronchienäste

Bronchitis

Diaphragma

Diffusion

Epiglottis

Exspiration

Inspiration

Intercostalmuskeln

Laryngitis

Larynx

Lungenempyem

Lungenhilus

Mediastinum

Pharyngitis

Pharynx

Pleura

Pneumonie

Pneumothorax

Pulmo

Respiration

Rhinitis

Thorax

Tonsillen

Trachea

LF 10

LS 173 Intubation

Als TFA ist es Ihre Aufgabe, bei der Vorbereitung einer OP mit Inhalationsnarkose neben allen anderen Tätigkeiten auch den jeweiligen Tubus auf Dichtigkeit zu kontrollieren, damit sicher gestellt ist, dass es während der OP zu keinen Zwischenfällen bezüglich der Atmung kommt.
Das Einführen eines Endotrachealtubus sichert und kontrolliert den Atemweg. Gaumensegel, Zunge und vorfallendes Gewebe können das Lumen des Tubus nicht einengen. In der Regel verwendet man einen Tubus mit Blockmanschette (Cuff). Dieser verschließt den Raum zwischen Tubusaußenseite und Trachealwand und verhindert so, dass Material am Tubus vorbei in die Trachea läuft.
Durch die Intubation ist gewährleistet, dass bei der Beatmung die gegebene Gasmenge in die Lunge gelangt; gleichzeitig wird verhindert, dass das Tier aspiriert und Speichel in die Lunge kommt. Dadurch ist eine ausreichende Beatmung gewährleistet.

Endotrachealtuben

Im Handel werden verschiedene wiederverwendbare Tuben angeboten, die es in unterschiedlichen Durchmessern gibt. An denen aus rotem Gummi haften Blut und Sekrete an der relativ rauen Oberfläche gut an. Die Säuberung der inneren Oberflächen lässt sich bei diesen Tuben nicht gut überprüfen. Zu empfehlen sind dazu Pfeifenreiniger oder sehr dünne Spezialbürsten.
Die Tubusgröße wird meist in Millimetern angegeben, dabei ist der innere Durchmesser entscheidend. Der Außendurchmesser wird durch die anatomischen Verhältnisse des Patienten bestimmt. Ein zu großer Tubus kann zu Intubationsverletzungen oder Druckschäden führen, ein zu kleiner die Trachea nicht ausreichend verschließen.
Durch Hitzesterilisation oder auch längere Lagerung kann das Material angegriffen und spröde werden. Gummituben passen sich bei Körpertemperatur schlechter an die Körperformen an und neigen eher zum Abknicken als Tuben aus anderen Materialien.
Heute werden am häufigsten Tuben aus Polyvinylchlorid (PVC) verwendet. Diese Tuben sind weich und flexibel und passen sich bei Erwärmung gut an die natürlichen Biegungen der oberen Atemwege an. Ihre Oberfläche ist glatt und das durchsichtige Material kann bei der Säuberung besser kontrolliert werden; allerdings sind sie für den Einmalgebrauch bestimmt.
Die am unteren Ende des Tubus angebrachte aufblasbare Manschette wird über eine Zuleitung (z.B. Spritze) mit Luft gefüllt oder „geblockt“. Die Füllung eines Kontrollballons am proximalen Ende der Zuleitung zeigt grob den Druck in der Blockmanschette an.
Für den Verschluss der Gasleitung werden verschiedene Mechanismen verwendet. Im einfachsten Fall verwendet man einen anhängenden Stöpsel. Da dieser Verschluss häufig undicht ist, sollte die Leitung zusätzlich mit einer Schlauchklemme verschlossen werden.
Viele neuere Tuben werden mit Hilfe eines Zwei-Wege-Hahns sicher verschlossen. Durch die Biegung von Trachea und Tubus kann die Spitze des Tubus an der Trachealwand anliegen und dadurch die untere Öffnung teilweise verschlossen sein. Daher verwendet man meist Tuben mit zusätzlicher seitlicher Öffnung, dem so genannten „Murphy-Eye“.

Praktisches Vorgehen beim Intubieren

Vor der Intubation sollen alle benötigten Hilfsmittel bereitgelegt werden. Dazu gehören der auf Dichtigkeit überprüfte Tubus, eine Spritze, ein Laryngoskop mit passendem Spatel, Maulspreizer und/oder Beißholz, eine schmale Mullbinde oder ein Gummiband zur Befestigung des Tubus, evtl. eine Kompresse zum Vorziehen der Zunge und bei der Katze Lidocain®-Spray.

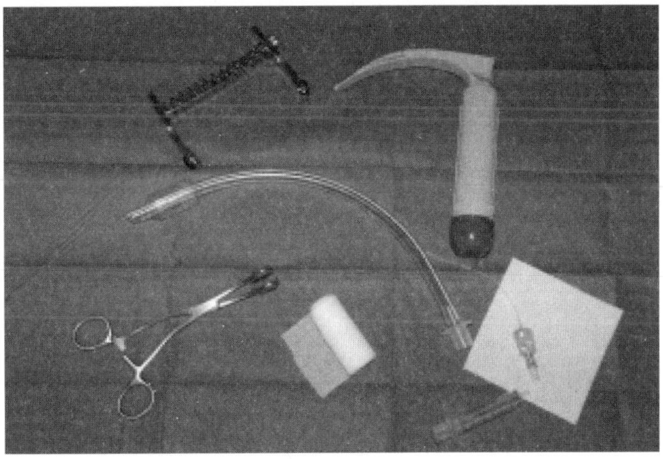

Ein Laryngoskop ist für die Intubation ein unverzichtbares Hilfsmittel, da es die Darstellung der Stimmritze und das Intubieren unter Sichtkontrolle ermöglicht. Laryngoskopspatel werden in verschiedenen Formen und Größen angeboten. Ein stets in der Ladestation stehender Laryngoskopgriff mit Akku garantiert die ständige Betriebsbereitschaft.

In der Narkose erleichtert eine Prämedikation oder Narkoseeinleitung die Intubation, da der Hustenreflex gedämpft wird.

Einsetzen des Maulspreizers

Nach oder auch vor der Lagerung wird ein Maulspreizer eingesetzt und das Maul so weit geöffnet, wie es ohne Widerstand möglich ist. Der Maulspreizer wird bei Hund und Katze an den Haken- oder Eckzähnen (Canini) angesetzt. Dabei wird die Zunge hervorgezogen.

Lagerung des Tieres

Bauchlage: Für eine optimale Haltung des Tieres ist es notwendig, dass der Kopf nach oben gestreckt wird. Dabei darf man nicht unter den Hals fassen bzw. auf den Kehlkopf drücken.

Da der Kopf-Hals-Übergang automatisch gestreckt ist, wird eine gute Sicht erreicht. Bei gut vorgezogener Zunge sind die anatomischen Verhältnisse fast symmetrisch.

Darstellung der Stimmritze

Zunächst wird die Zunge mit einer Kompresse vorgezogen. Danach wird das Laryngoskop eingesetzt und die Stimmritze und der Tracheaeingang werden sichtbar.

Einführen des Tubus

Der Tubus wird unter Sichtkontrolle zwischen den Stimmbändern hindurch in die Trachea vorgeschoben und das Laryngoskop entfernt.

Der Tubus wird soweit vorgeschoben, bis die Blockmanschette kaudal des Kehlkopfes liegt.

Überprüfen der Tubuslage
Es muss überprüft werden, ob der Tubus in der Trachea oder im Ösophagus liegt. Hierzu spürt man beim spontan atmenden Tier den Luftstrom der Atmung am Tubusende. Atmet der Patient nicht, wird vorsichtig der kraniale Brustkorb gedrückt und auf den Luftstrom am Tubusende geachtet.

Blocken der Tubusmanschette
Die Tubusmanschette muss ausreichend gefüllt sein, um ein Aspirieren zu verhindern und ein Luftleck auszuschließen. Der Kontrollballon gibt nur einen groben Hinweis auf den Druck in der Manschette.

Befestigung des Tubus
Beim Hund wird meist der Maulspreizer durch ein Beißholz ersetzt, damit keine Dauerbelastung auf der Kaumuskulatur liegt. Eine schmale Mullbinde wird um den Tubus geschlungen und dann mit einem Knoten gesichert. Die Binde wird dann unter dem Kinn des Patienten gekreuzt, straff zur Nase geführt und dort mit Knoten und Schleife verschlossen.

Extubieren
Als Zeitpunkt zum Extubieren sieht man das Einsetzen des Schluckreflexes an. Der Tubus wird gelockert, die Manschette entblockt und der Tubus herausgezogen.

Arbeitsauftrag

Beantworten Sie mit Hilfe des Textes zur Intubation die folgenden Fragen!

1. Was wird durch eine Intubation gewährleistet?

2. Aus welchen Materialien werden die unterschiedlichen Endotrachealtuben hergestellt?

3. Nennen Sie die Vor- bzw. Nachteile der unterschiedlichen Materialien!

4. Welches Maß ist bei der Größenauswahl des Tubus ausschlaggebend?

5. Welche Aufgabe hat der Kontrollballon?

6. Welche Aufgabe hat die Blockmanschette?

7. Welche Bezeichnung verwendet man noch für die Blockmanschette?

8. Was versteht man unter dem „Murphy-Eye"?

9. Nennen Sie die Hilfsmittel, die für eine Intubation benötigt werden!

10. Was wird bei der Intubation der Katze zusätzlich benötigt?

11. Wo wird der Maulspreizer befestigt?

12. Warum sollte man nach der Intubation den Maulspreizer beim Hund gegen ein Beißholz austauschen?

13. Welche Lagerungsmöglichkeiten gibt es bei der Intubation?

14. Worauf muss die/der TFA bei der Brust-Bauch-Lage achten?

15. Welche Aufgabe hat das Laryngoskop?

16. Wie und wo wird der Tubus befestigt?

17. Wann ist der richtige Zeitpunkt zum Extubieren?

LS 174, 175

Narkose und Instrumente

Arbeitsauftrag: Bearbeiten Sie mit Hilfe des Lehrbuches die folgenden Aufgaben!

1. Nennen Sie bitte die Narkosestadien mit Fachbegriffen!

____

____

____

____

2. In welchem Stadium:

- erfolgt der operative Eingriff? ______________________
- ist die Atmung regelmäßig, verlangsamt und tief? ______________________
- führt das Tier Abwehrbewegungen aus? ______________________
- ist der Muskeltonus noch erhalten? ______________________
- sind die Pupillen maximal erweitert? ______________________
- ist der Puls kaum noch fühlbar? ______________________

3. Welche Reflexe werden zur Überwachung der Narkose geprüft?

____

____

4. Nennen Sie bitte die Merkmale einer Narkose!

____

____

Narkosestadien nach Guedel

Stadium	Atmung	Puls	Auge	Pupillen	Muskeltonus

Stadium	Atmung	Puls	Auge	Pupillen	Muskeltonus

5. Was versteht man unter einer:

   a) steuerbaren Narkose?

   ____

   ____

   b) nicht steuerbaren Narkose?

   ____

   ____

6. Welche Untersuchungen führen Sie im Rahmen der Narkosefähigkeitsuntersuchung durch?

7. Muss der Patient für eine OP nüchtern sein?

8. Wie bereiten Sie den Patienten nach Verabreichung des Narkosemittels für die OP vor?

9. Welche Art der Händedesinfektion führen Sie vor einer OP durch?

10. Nennen Sie bitte die Tätigkeiten der TFA bei einer OP!

11. Welche postoperativen Maßnahmen führen Sie am Patienten durch?

12. Welches fassende Instrument hat Haken in unterschiedlicher Anzahl (1:2, 2:3) an den Schenkelinnenseiten und verletzt das gefasste Gewebe?

13. Welche Präparierschere hat stumpfe Schenkelenden und ist gebogen?

14. Was ist der Unterschied zwischen chirurgischen und anatomischen Pinzetten?

15. Was ist eine „Mosquito"?

16. Wie sind die Schenkelenden einer Fadenschere geformt?

17. Tragen Sie bitte die unten aufgeführten Instrumente in die Tabelle ein:

Arterienklemmen nach Péan – chirurgische Pinzetten – Metzenbaum-Schere – Bauchfellklemme – Anatomische Pinzetten – Nadelhalter nach Mathieu – Kastrationshaken – Darmklemme nach Kocher – Mosquito – Darmfasszange nach Allis – Skalpelle – Backhaus-Klemme – Fadenschere

Fassende Instrumente	Haltende Instrumente	Schneidende Instrumente

18. Welche Instrumente werden für eine Inhalationsnarkose benötigt?

LS 176

Lokalanästhesie

LF **10**

Arbeitsauftrag: Bestimmen Sie die Möglichkeiten der Lokalanästhesie anhand der folgenden Abbildungen und füllen Sie die Lücken in dem nachfolgenden Text!

a) ______________________________

Durch dieses Verfahren können durch ______________, ______________ auf Haut, Schleimhäute des Magen-Darm-Traktes, der Atemwege, des Urogenitaltraktes, der Horn- und Bindehäute der Augen ______________ betäubt werden. Die Anwendung von ______________ (z.B. Chlorethyl) ist auch eine Form der Oberflächenanästhesie. Durch diese Formen sind Untersuchungen und kleinere Eingriffe möglich.

b) ______________________________

Hierbei wird das Operationsgebiet ______________ ______________, damit das Lokalanästhetikum (z.B. Kokainderivate, Lidocain) in das Gewebe ______________ (infiltrieren) kann. Dadurch sind kleinere chirurgische Eingriffe und ______________ schmerzfrei möglich.

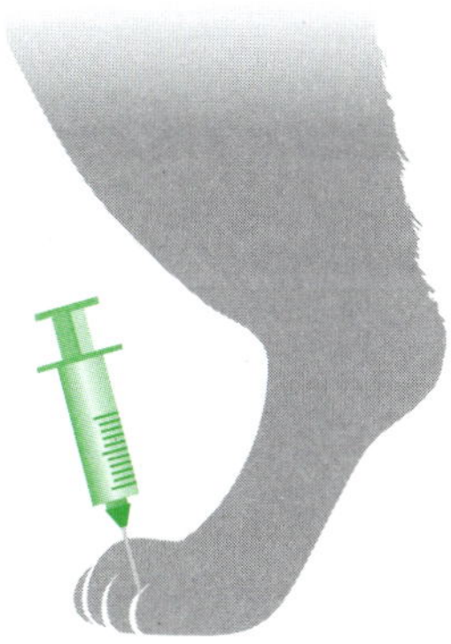

c) ______________________________

Bei dieser Methode wird ein Lokalanästhetikum gezielt im Bereich eines Nervs injiziert, um die Erregungsleitung im Nerven zu ______________. Es kommt zu einer Unempfindlichkeit des Körperbereiches, für den dieser Nerv zuständig ist.

Zum Bereich der Leitungsanästhesien gehören auch die rückenmarksnahen Anästhesien (Spinalanästhesie, Epiduralanästhesie). Hierbei wird ein Lokalanästhetikum in den ______________ („Luftraum“ zwischen den Wirbeln) gespritzt, und die jeweiligen ______________ werden blockiert.

Arbeitsauftrag: Setzen Sie die fehlenden Begriffe sinnvoll ein!

Man unterscheidet zwischen ______________________ (Narkose) und ________________ (örtliche Betäubung). Unter Anästhesie versteht man die Unempfindlichkeit gegen ____________ ____.

Bei der Allgemeinanästhesie (Narkose) werden das ______________ und das ______________________durch Narkosemittel ausgeschaltet. Es kommt zur Bewusstlosigkeit (= ____________), Muskelerschlaffung (= ____________), Herabsetzung oder Fehlen der Reflexe (= ____________).

Ein gasförmiges Narkotikum wird mittels eines Narkosegerätes über die Atemluft aufgenommen und gelangt über das Blut zum ______________________. Durch einen ______________________ wird das Narkotikum mit ____________ vermischt und eingeatmet. Die Ausatmungsluft wird über Kalk zur __ ____________________ geleitet, in einem ________________ gesammelt, mit O_2 und Narkotikum vermischt und zurück geatmet.

Bei der ________________ Narkose wird ein Narkotikum direkt über die Vene in die Blutbahn injiziert. Da sie sehr schnell wirkt, kommt sie vor allen Dingen bei ______________ zum Einsatz.

Bei der intraperitonealen Narkose erfolgt eine Injektion in die ________________. Das Narkotikum wird über die Serosa (Haut des Peritoneums = Bauchfell) aufgenommen.

Das Narkotikum wird bei einer intramuskulären Narkose in die ________________ injiziert und durch das Blut resorbiert.

Bei einer oralen Narkose wird das Narkotikum mit dem __________ (bei Tieren) oder einer Sonde direkt in den Magen geleitet. Durch die Magen- und Darmschleimhaut wird es resorbiert.

Man unterscheidet vier Narkosestadien. Im Stadium I, dem ____________________ kommt es zu einem allmählichen Bewusstseinsschwund mit ____________________. Im Stadium II, dem so genannten ______________________ kommt es zu einer Steigerung der Reflexe; im Toleranzstadium kann der ______________________ durchgeführt werden. Sollte Stadium IV eintreten, sind sofortige ______________________________ notwendig.

LS 177

Chirurgisches Nahtmaterial

LF **10**

Arbeitsauftrag: Ergänzen Sie die fehlenden Begriffe!

Als chirurgisches Nahtmaterial werden ____________ und ____________ Fäden unterschieden. Dabei bestimmen ____________, Elastizität, Durchmesser, Dehnungsfähigkeit, ____________ und ____________ die Auswahl. Hautnähte werden in der Regel aus Nahtmaterial angefertigt, welches ____________ ist. Dazu zählen: Polyamid (monofil), ____________ (geflochten), Polypropylen, _____, Zwirn (Flachs), Metall in Form von ____________ oder ____________ (Klammern). Bei Wildtieren wird auch bei einer Hautnaht ____________ Nahtmaterial verwendet. ____________ werden in der Regel mit feinen ____________ Fäden zusammengefügt. Muskelnähte, Fasziennähte und Darmnähte werden mit ____________ _____ Fäden gelegt. Dazu nimmt man folgende Materialien: als synthetisch organisch hergestelltes Material gilt ____________ (Dexon, Vicryl); als natürlicher tierischer Rohstoff wurde früher ____________ bzw. ____________ aus den kollagenen Fasern des ____________ verwendet. Dieser wurde später durch ____________ ersetzt, war aber nach dem Auftreten von ____ zeitweilig nicht mehr erlaubt.

Je nach ____________ muss das Nahtmaterial mit den entsprechenden Nadeln verarbeitet werden.

Man unterscheidet Nadeln mit ____________, ____________ und ____________-Kombinationen, ____________ oder ____, mit 3/8 Kreis, ___ Kreis oder ____________. Bei den Größenbezeichnungen ist zu beachten: je _______ die Zahl, umso ____________ ist die Nadel; so entspricht z.B. die Zahl 16 einer ____________ Nadel im Gegensatz zur Bezeichnung 000, die dementsprechend ________ ist.

LF 10

LS 178

Fragen zu Nadeln und Nahtmaterial

1. Welche verschiedenartigen Nadeln kann man zum Anfertigen einer Wundnaht verwenden?

2. Was ist bei den Größenbezeichnungen der Nadeln zu beachten?

3. Erläutern Sie den Vorteil einer Nadel-Faden-Kombination!

4. Welche unterschiedlichen Nadelhalter kann man dazu benutzen?

5. Nach welchen Kriterien sollte Nahtmaterial ausgesucht und verwendet werden?

6. Welche verschiedenartigen Fäden werden unterschieden? Berücksichtigen Sie auch die unterschiedlichen Fadenstärken!

7. Nach welchem Verfahren wird Nahtmaterial sterilisiert?

8. Welches Nahtmaterial wird ausschließlich bei Wildtieren verwendet?

9. Mit welcher Art Fäden werden Schleimhäute genäht?

10. In welchem Verhältnis steht die Fadenbezeichnung zu dessen Größe?

11. Erstellen Sie eine Tabelle, in die Sie resorbierbares und nicht resorbierbares Nahtmaterial eintragen!

Resorbierbares Nahtmaterial	**Nicht resorbierbares Nahtmaterial**

In den folgenden Abbildungen sind verschiedene chirurgische Nadeln abgebildet, die bei Operationen verwendet werden.

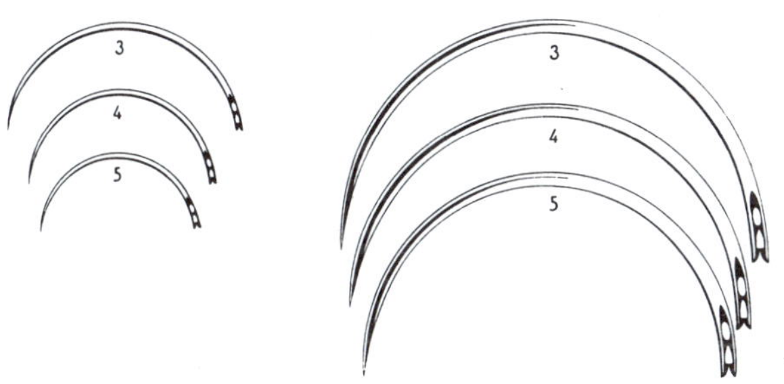

$^1/_2$-Kreis

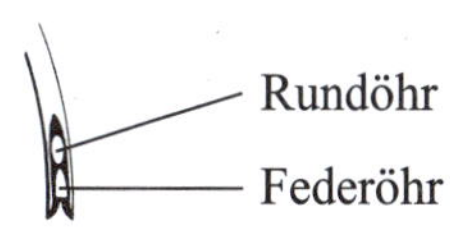

▲ Dreikantspitze außenschneidend

● Rundspitze

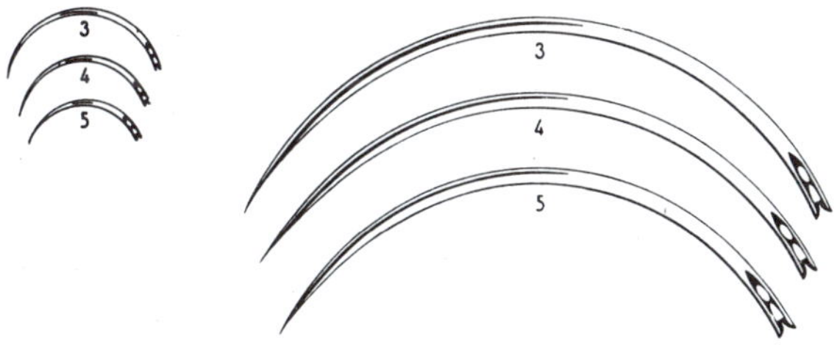

$^3/_8$-Kreis

Kreuzworträtsel Operation

Arbeitsauftrag: Setzen Sie die Fachbegriffe ein!

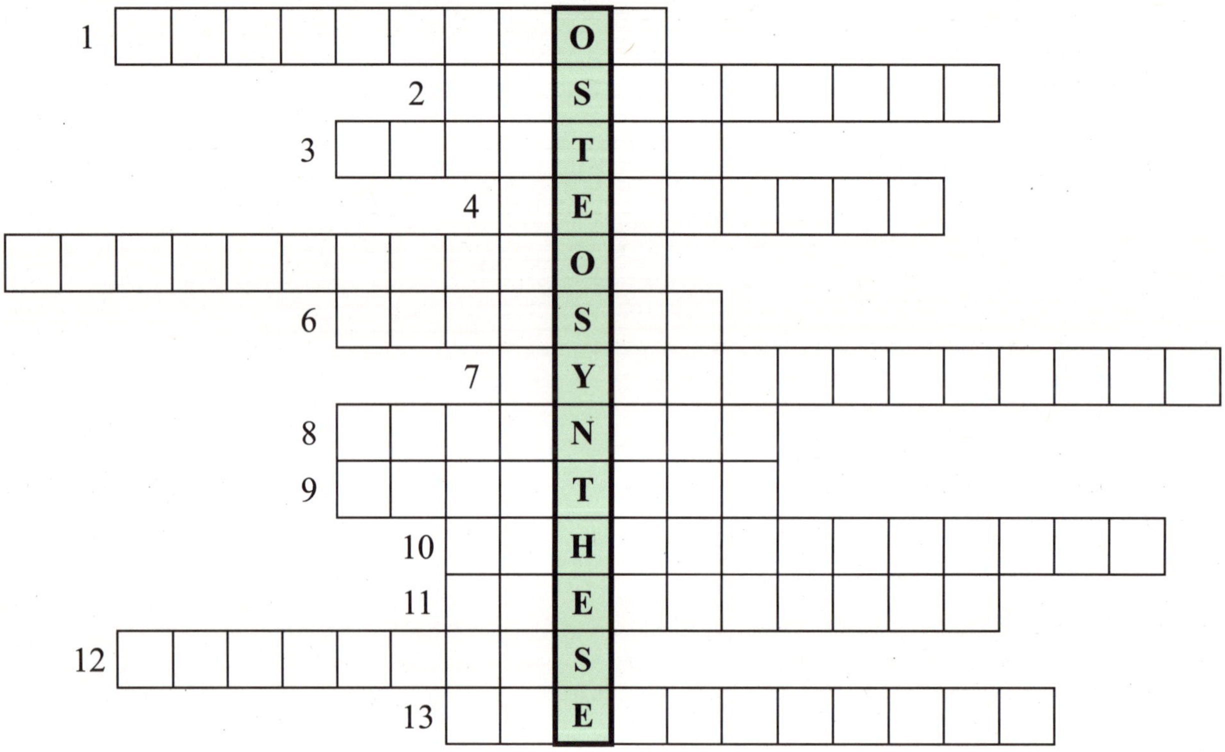

1 operatives Entfernen eines endständigen Körperteils bzw. Organteils
2 operative Entfernung der Keimdrüsen
3 Unterbindung eines Gefäßes oder Hohlorgans
4 Knochenbruchbehandlung mit Drahtumschlingung
5 Einbringung eines Implantats in den Körper
6 Gewebeprobeentnahme
7 operative Gebärmutterentfernung
8 Ableitung von Körperflüssigkeit mit einem Drän an die Körperoberfläche
9 Einstich mit einer Kanüle in ein Hohlorgan
10 Auseinanderweichen von Wundnähten
11 Ausschabung eines Hohlorgans mit der Kürette
12 Geschwürbildung mit Nekrosen
13 Anbohrung einer Körperhöhle

Vorbereitung einer Infusion

Arbeitsauftrag: **Setzen Sie die folgenden Begriffe sinnvoll ein!**

Rollklemme – Flüssigkeitsspiegel – luftblasenfrei – Durchfluss – Einstichdorn – Schauglas – Gummidichtung – Schutzkappe – entlüftet – Verweilkanüle – Kunststoffkappe

Die Füllung des Infusionsbestecks wird folgendermaßen gehandhabt:

Zuerst ist darauf zu achten, dass die ________________ geschlossen wird (Abbildung 1).
Der Schutzdeckel der Infusionslösung wird abgezogen und der ________________ des Infusionsbesteckes durch die ________________ der Infusionsflasche gestochen. Dabei ist darauf zu achten, dass die Rollklemme in der Mitte der Schlauchleitung geschlossen ist, um den sofortigen ________________ der Lösung zu vermeiden.
Anschließend wird die Infusionsflasche an einen Infusionsständer gehängt und im ________________ durch leichtes Zusammendrücken und Loslassen ein entsprechender ________________, hergestellt (Abbildung 2). Danach werden der Belüftungsfilter oberhalb des Schauglases und die Rollklemme geöffnet, um die Schlauchleitung mit der Infusionslösung ________________ zu füllen. Ist der Schlauch vollständig ________________, wird die Rollklemme wieder verschlossen (Abbildung 3). Der Anschlusskonus des Schlauches für die ________________ muss bis zum Anschließen der Infusion durch die ________________ geschützt bleiben und der Kanülenmandrin bis zum Ende der Infusion in der ________________ aufbewahrt werden (Abbildung 4).
Bei der Vorbereitung ist sorgfältig auf steriles Arbeiten zu achten.

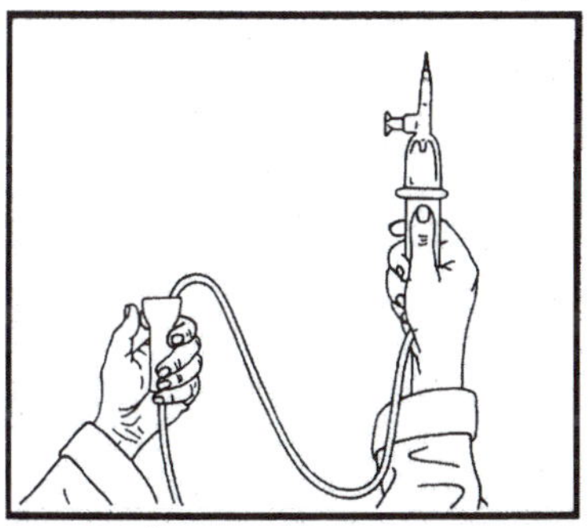
1

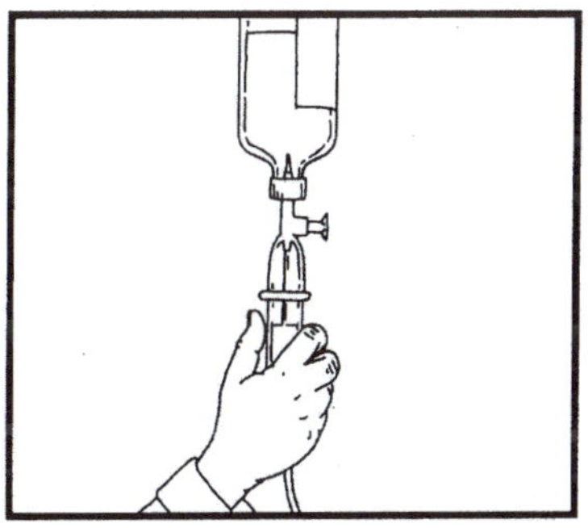
2

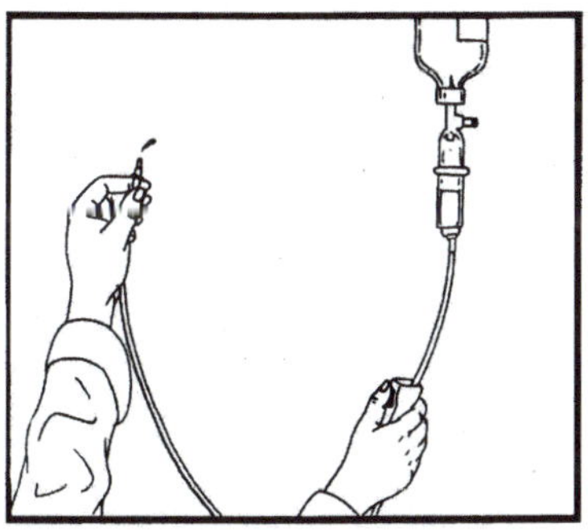
3

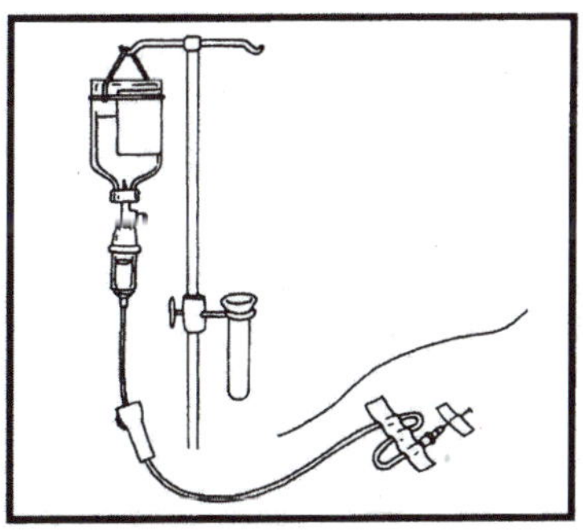
4

LF 10 LS 180

Weiblicher Sexualzyklus

Arbeitsauftrag

Beantworten Sie die folgenden Fragen und tragen Sie die Antworten in die Tabelle ein!

Was geschieht während der im Folgenden genannten Zyklusstadien in den Ovarien und im Uterus und welche Geschlechts- und Hypophysenhormone sind vorherrschend? Nennen Sie auch die deutschen Begriffe!

1. Präöstrus: ______________________________
2. Östrus: ______________________________
3. Postöstrus: ______________________________
4. Interöstrus: ______________________________
5. Anöstrus: ______________________________

Zyklus-stadium	Vorgänge im Ovar	Vorgänge im Uterus	Vorherrschendes Geschlechts-hormon	Hypophysen-hormon (Gonadotropine)

Geschlechtsorgane der Hündin

Arbeitsauftrag

Beschriften Sie die Geschlechtsorgane einer Hündin mit deutschen Begriffen und Fachbegriffen!

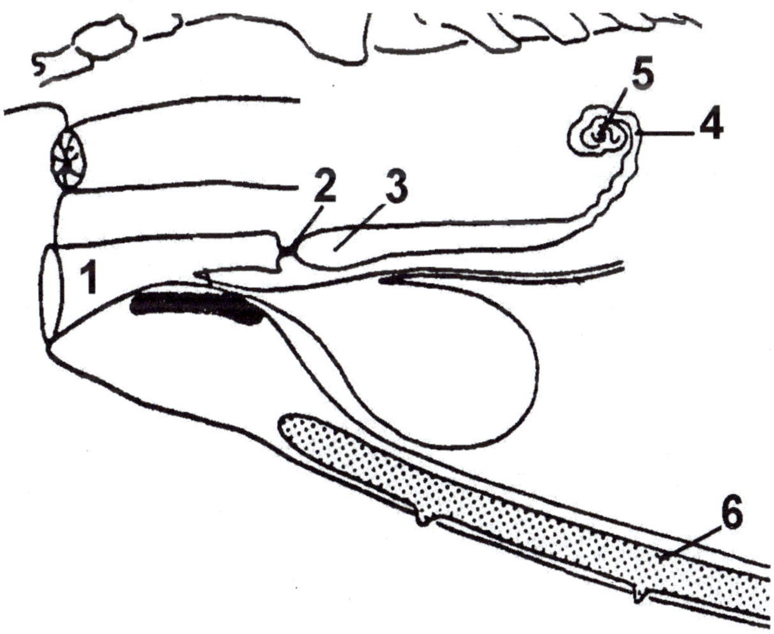

1 ____________________

2 ____________________

3 ____________________

4 ____________________

5 ____________________

6 ____________________

Geschlechtsorgane des Rüden

Arbeitsauftrag: Beschriften Sie die Abbildung der Geschlechtsorgane eines Rüden mit deutschen Begriffen und Fachbegriffen!

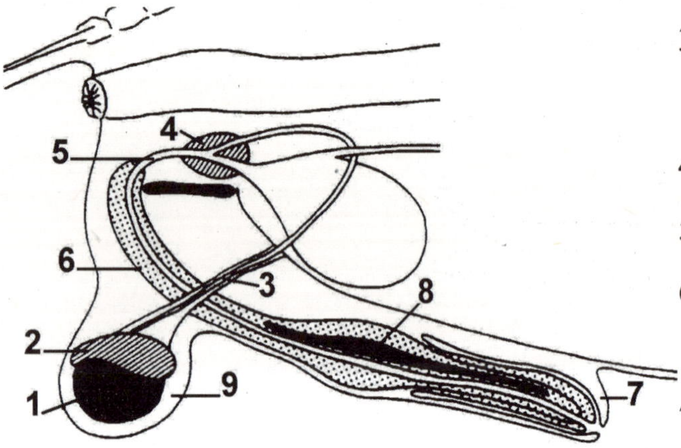

1 ______________________

2 ______________________

3 ______________________

____

4 ______________________

5 ______________________

6 ______________________

____

7 ______________________

8 ______________________

9 ______________________

Arbeitsauftrag: Beschriften Sie die Abbildung zum Bau eines Spermiums!

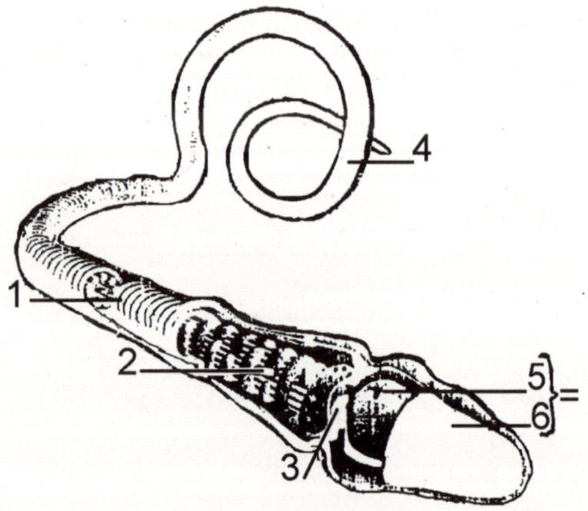

1 ______________________

2 ______________________

3 ______________________

4 ______________________

5 ______________________ } = ________

6 ______________________

Befruchtung und Entwicklung

Arbeitsauftrag

Beschriften Sie in der Abbildung die Vorgänge in Ovar, Tuba und Uterus!

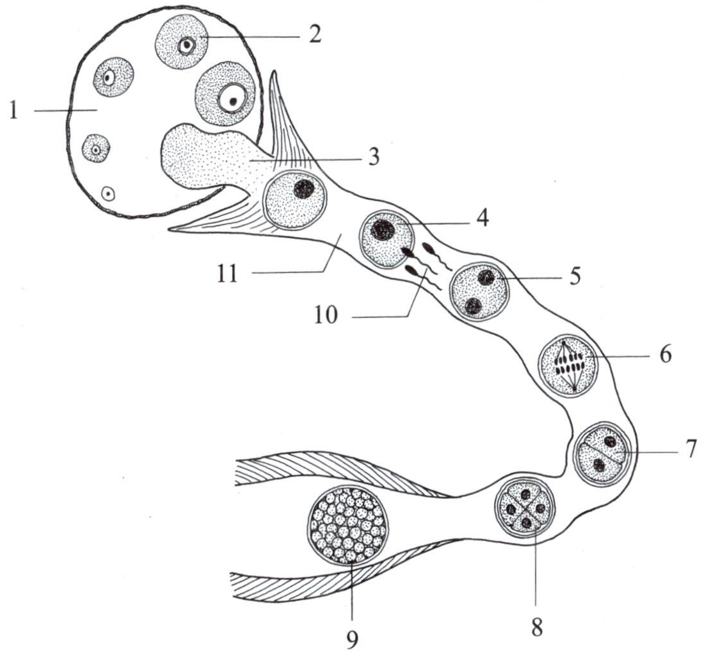

Schematische Darstellung der Ovulation, Befruchtung und Einnistung

1 ______________________________

2 ______________________________

3 ______________________________

4 ______________________________

5 ______________________________

6 ______________________________

7 ______________________________

8 ______________________________

9 ______________________________

10 ______________________________

11 ______________________________

Kreuzworträtsel Fortpflanzung 1

Arbeitsauftrag: Setzen Sie die Fachbegriffe ein!

1 Scheide
2 Gesäugeleiste
3 Bauchraum
4 äußeres Geschlechtsorgan
5 Eierstock
6 Eisprung
7 Geburt
8 notwendig zur Austreibung der Leibesfrucht
9 Anhangsgebilde der Gebärmutter
10 notwendig, wenn die Geburt stockt
11 befruchtete Eizelle
12 Hormon zur Verstärkung der Wehen

Kreuzworträtsel Fortpflanzung 2

Arbeitsauftrag: Setzen Sie die Fachbegriffe ein!

1 Nebenhoden
2 Samenflüssigkeit
3 Hodensack
4 Hoden
5 Vorhaut
6 Eichel
7 Keimdrüsen
8 Samenerguss
9 Leibesfrucht nach Organentwicklung
10 Harn-Samen-Röhre
11 Vorsteherdrüse
12 männliches Hormon
13 männliches Glied
14 Östrus

LF 10

LS 183

Termini Genitalsystem 1

Arbeitsauftrag: Übersetzen Sie die folgenden Fachbegriffe!

Gebärmutter ______________________

Radiologie ______________________

Mastdarm ______________________

Antikonzeptiva ______________________

Ovulation ______________________

Endometrium ______________________

Vulva ______________________

Mamma ______________________

Vesica urinaria ______________________

Prostata ______________________

Symphyse ______________________

Präputium ______________________

Epididymis ______________________

Testis ______________________

Skrotum ______________________

Biopsie ______________________

Urethra ______________________

Urologie ______________________

Glans penis ______________________

Gravidität ______________________

Embryo ______________________

Plazenta ______________________

Abort ______________________

Partus ______________________

Vagina ______________________

LS 183

Termini Genitalsystem 2

LF **10**

Arbeitsauftrag: Übersetzen Sie die folgenden Fachbegriffe!

Adnexe ______________________

Aufbauphase ______________________

Auflockerungsphase ______________________

äußerer Gebärmuttermund ______________________

Eibläschen ______________________

Eierstock ______________________

Eileiter ______________________

Fetus ______________________

Gebärmutterhals ______________________

Gebärmutterhöhle ______________________

Glied ______________________

Kitzler ______________________

Menstruation ______________________

Muskelschicht ______________________

Samenbläschen ______________________

Samenleiter ______________________

Samenzelle ______________________

Schwangerschaft ______________________

LF 10

Genitalsystem/Lernkarten

Arbeitsauftrag:

Schneiden Sie die Kärtchen auf den nachfolgenden Seiten aus und ergänzen Sie damit Ihre Terminisammlung. Verwenden Sie diese Karten zur Lernkontrolle, wie auf Seite V beschrieben.

Eierstock	Anhangsgebilde der Gebärmutter
Eileiter	Adnexe
Gebärmuttergrund	Menstruation
Gebärmutterhals	Eisprung
in die Scheide ragender Teil des Gebärmuttermundes	Aufbauphase

Adnexe	**Ovar, Ovarium**
Eileiter und Eierstöcke	**Tuba**
– monatliche Regelblutung **– Abbau und Ausscheidung des Endometriums**	**Fundus**
Ovulation	**Cervix uteri**
Proliferationsphase	**Portio vaginalis**

Auflockerungsphase	Fetus
Menarche	Mutterkuchen
Menopause	Amnioskopie
Schwangerschaft	Amniozentese
befruchtete Eizelle	Scheide
Embryo	Geburtsphasen

Frucht im Uterus nach Abschluss der Organbildung bis zum Ende der Schwangerschaft	**Sekretionsphase, Gelbkörperphase**
Plazenta	**erste Regelblutung**
Fruchtwasserspiegelung	**Zeitpunkt der letzten Regelblutung**
Fruchtwassergewinnung	**Gravidität**
– Aufnahme des Penis und der Samenzellen – Vagina	**Zygote**
Eröffnungsperiode, Austreibungsperiode, Nachgeburtsperiode	**Leibesfrucht während der Organentwicklung**

Antikonzeptiva	äußeres Geschlechtsorgan
Nidation	Kitzler
Konjugation	Gebärmutterschleimhaut
Gelbkörper	Gebärmuttermuskulatur
Eibläschen	Brustdrüse

Vulva	**Mittel zur Verhütung einer Schwangerschaft**
Klitoris	**Einnistung der Blastozyste in das Endometrium**
Endometrium	**Verschmelzung von Ei- und Samenzelle** **Befruchtung**
Myometrium	**Corpus luteum**
Mamma	**Follikel**

FSH	Eileiter
LH	Gebärmutter
LTH	Östrogene
Oxytocin	Schamlippen
Prolactin	weiblicher Sexualzyklus

Transport der Eizelle, Ort der Befruchtung	**Follikelreifung**
– Einnistung und Ernährung des Keimlings – liegt zwischen Harnblase und Mastdarm, Uterus	**bewirkt Eisprung, wirkt auf Gelbkörper**
Follikelhormone	**wirkt auf Gelbkörperbildung und Milchbildung**
Schutz der inneren Geschlechtsorgane	**löst Wehentätigkeit aus**
Östrus	**wirkt auf Milchbildung**

Samenbläschen	Präöstrus
Bulbourethraldrüse	Östrus
Erektion	Postöstrus
Leydig'sche Zwischenzellen	Interöstrus
Spermien	Anöstrus
Vorhaut	Hoden

Eireifung/ Follikelreifung	**bildet alkalische Flüssigkeit und Fruchtzucker**
Eireifung/ Eisprung	**bilden Schleim, der Harnreste unschädlich macht**
Eisprunggrube	**Aufrichten des Gliedes bei sexueller Erregung**
Gelbkörperbildung	**bildet Testosteron**
Ruhephase	**enthalten einen haploiden Chromosomensatz**
– Testis **– Spermienproduktion, Testosteronbildung**	**Präputium**

Ejakulation	Nebenhoden
Ejakulat	Samenleiter
Nebenhoden	Vorsteherdrüse
Hodensack	Glied
Harn-Samenröhre	Eichel

Epididymis	**Samenerguss**
Ductus spermaticus, Ductus deferens	**Samenflüssigkeit**
Prostata	**Samenspeicherung, Reifung der Spermien**
Penis	**Scrotum**
Glans penis	**Urethra**

LS 184

Diabetesberatung

LF 11

Da immer mehr Tiere z.T. durch Überfütterung und zu wenig Bewegung an Diabetis mellitus erkranken, begrüßt es der Tierarzt sehr, wenn eine versierte TFA die Beratung der Klienten übernehmen kann.

Arbeitsauftrag: Lesen Sie den Text und beantworten Sie die Fragen!

Diabetes mellitus = Zuckerkrankheit ist eine Stoffwechselerkrankung, hervorgerufen durch Insulinmangel oder verminderte Insulinwirkung.
Die normale Blutzuckerkonzentration ist bei einem diabetischen Menschen oder Tier gestört, im Blut reichert sich Traubenzucker (Glukose) an und wird über die Nieren ausgeschieden.
An der Blutzuckerregulation sind die Hormone Insulin und Glukagon, die in den Langerhans'schen Inseln der Bauchspeicheldrüse produziert werden, beteiligt: Insulin senkt und Glukagon hebt die Blutzuckerkonzentration. Nach einer kohlenhydratreichen Mahlzeit steigen die Blutzuckerwerte an und das **Insulin** greift regulierend ein. Es bewirkt unter anderem, dass der Traubenzucker schnell vom Blut in die Zellen gelangt, wo er entweder zur Energiegewinnung verwendet wird oder zu Glykogen umgewandelt wird. Dadurch pendelt sich der Blutzucker wieder auf Normalwerte ein.
Fehlt Insulin oder ist es nicht in ausreichender Menge vorhanden, unterbleibt die Blutzucker senkende Regulierung!
Die Funktion des **Glukagons** ist der des Insulins entgegengesetzt; es bewirkt z.B. durch den Abbau von Glykogen zu Glukose eine Anhebung der Blutzuckerkonzentration. Trotzdem „hungern“ die Zellen, da ihnen trotz hoher Blutzuckerwerte kein Traubenzucker zugänglich ist.

Diabetes kann durch verschiedene Krankheiten, u.a. eine Entzündung oder Verletzung der Pankreas, verursacht werden. Außerdem spielen verschiedene Risikofaktoren eine Rolle: familiäre Vorbelastung, andere bereits bestehende Stoffwechselerkrankungen, Hypertonie usw. Weitaus häufiger jedoch kommt ein Diabetes mellitus ohne eine andere Erkrankung vor.
Man unterscheidet beim Menschen zwei Formen von Diabetes mellitus: den juvenilen Diabetes (Jugenddiabetes), auch bekannt als Diabetes Typ I, und den Erwachsenen- oder Altersdiabetes, der auch als Diabetes Typ II bezeichnet wird.
Beim Jugenddiabetes versagen die insulinbildenden Zellen des Pankreas, die Hormonproduktion erlischt und es herrscht ein absoluter Insulinmangel.
Die bei Haustieren festgestellte Diabetesform entspricht der vom Typ I des Menschen. Als Ursache gilt eine Kombination verschiedener Faktoren wie z.B. erbliche Veranlagungen, Autoimmunerkrankungen oder auch Virusinfektionen.
Auch der Diabetes Typ II tritt bei Haustieren immer häufigerer in Erscheinung. Als Risikofaktoren gelten Übergewicht und mangelnde Bewegung auch bei Tieren.

Bei Tieren spricht man auch von einem Sekundären Diabetes, der infolge anderer Erkrankungen auftreten kann, wie z.B. Bauchspeicheldrüsenentzündung, Schilddrüsenüberfunktion, Nebennierenerkrankungen. Bei Hündinnen können auch hormonelle Veränderungen nach der Läufigkeit die Insulinwirkung beeinflussen. In solchen Fällen kann eine Kastration hilfreich sein.

Der Erwachsenen- oder Altersdiabetes tritt bei Menschen meist erst nach dem 40. Lebensjahr auf. Die Langerhans'schen Inselzellen geben noch Insulin ab, allerdings nicht mehr in ausreichender Menge. Man spricht daher vom relativen Insulinmangel.

Die Frühsymptome eines Diabetes sind:
- Vermehrung der Harnmenge (Polyurie),
- starkes Durstgefühl infolge von Flüssigkeitsverlust (Polydipsie),
- Gewichtsabnahme trotz gesteigerter Nahrungszufuhr (Polyphagie),
- gehäuft entzündliche Hauterkrankungen,
- schlechte Wundheilung,
- sichtbare Fellveränderung; das Fell wird stumpf und trocken

Wird Diabetes unzureichend medizinisch versorgt, kann es zu einem starken Blutzuckeranstieg von Werten bis 200–500 mg/dl bei einem Menschen kommen. Infolge des Insulinmangels kann der Körper nicht mehr Glukose zur Energiegewinnung verwenden. Der Energiebedarf wird dann durch den Abbau von Fett gedeckt. Die dabei entstehenden Abbauprodukte, die Ketonkörper, reichern sich im Blut an und übersäuern es. Normalerweise werden sie über den Urin ausgeschieden (Nachweis im Stick).
Im Extremfall kann es aber zu einer schweren Stoffwechselstörung (extrem hohe Blutzuckerkonzentration, starke Anreicherung von Ketonkörpern) kommen, durch die sich ein diabetisches Koma entwickeln kann. Der bekannteste Ketonkörper ist das Azeton, der den typischen obstartigen Geruch der Atemluft eines Diabetikers verursacht.
Eine weitere ernste Komplikation ist die Hypoglykämie. Von einer Unterzuckerung spricht man bei Blutzuckerwerten unter 50 mg/dl. Die häufigste Ursache ist die Überdosierung von Insulin oder blutzuckersenkenden Tabletten. Tritt bei starkem Blutzuckerabfall Bewusstlosigkeit ein, spricht man vom hypoglykämischen Schock oder Koma. Die Therapie besteht in einer sofortigen Glukosegabe.

Bei einem Tier kann der Tierarzt durch eine Überprüfung der Zuckerwerte in Blut und Urin feststellen, ob ein Tier an Diabetes erkrankt ist. Der Fructosaminwert, der dem HbA1c beim Menschen entspricht, gibt Auskunft über die durchschnittlichen Blutzuckerwerte über einen längeren Zeitraum.
Bei einem positiven Diabetes-Befund ist es nötig, dem Tier Insulin zu spritzen. Dazu muss das Tier vorher stationär eingestellt werden. Anschließend wird es mit zuerst geringer Dosierung, die anschließend erhöht wird, behandelt. Wichtig ist auch eine entsprechende Ernährung. Bei Hunden wird morgens und abends **nach** der Futteraufnahme Insulin gespritzt. Es darf nicht vorher gespritzt werden, weil es zu Unterzuckerungen kommen kann, wenn das Tier weniger frisst.

Ein Hinweis auf eine Unterzuckerung ist es, wenn das Tier Unruhe zeigt, zittert, sich langsam und unsicher bewegt und evtl. bewusstlos wird.
Solange das Tier noch fressen kann, sollte ihm sofort ein Stück Traubenzucker oder ein Stück Schokolade gegeben werden. Ist es dazu nicht mehr in der Lage, sollte ihm vorsichtig eine Zucker- oder Siruplösung in die Mundschleimhaut oder in das Zahnfleisch gerieben oder unter die Zunge geträufelt werden.

Für den langfristigen Krankheitsverlauf sind nicht die Frühsymptome, sondern die Spätfolgen bzw. Späterkrankungen entscheidend. Dafür sind die späteren Gefäßveränderungen verantwortlich. Es kommt zur Schädigung der Kapillaren und zu einer Arteriolensklerose.

Durch die Minderdurchblutung kann es zu Organschäden kommen:
- Netzhautveränderungen, bis zur Erblindung;
- Störung der Nierenfunktion bis zum Nierenversagen;
- Arteriosklerose, die Folgen der Verkalkungen können Hirn- und Herzinfarkte sein;
- Durchblutungsstörungen, vor allem in den Beinarterien; Extremitäten können absterben.

Die Therapie eines Diabetes mellitus soll Entgleisungen des Zuckerstoffwechsels verhüten und Gefäßveränderungen als Spätschäden verhindern bzw. verzögern. Die Grundlage dafür bilden Diät, Gewichtsnormalisierung und regelmäßiges körperliches Training. Hinzu kommt bei Bedarf die Gabe von Medikamenten.

Arbeitsauftrag: Beantworten Sie bitte folgende Fragen!

1. Welche Hormone werden in den Inselzellen der Pankreas gebildet?

   ____

2. Warum bezeichnet man sie als Antagonisten?

   ____

3. Welche Frühsymptome weisen auf einen Diabetes hin?

   ____

4. Welche Diabetes-Typen werden unterschieden?

   ____

   ____

5. Was versteht man unter einer

   a) Hypoglykämie?

   ____

   b) Hyperglykämie?

   ____

6. Welche Spätschäden können bei einem schlecht behandelten Diabetes auftreten?

7. Aus welchem Grunde soll ein Diabetiker seine Nahrung auf sechs bis sieben kleine Mahlzeiten verteilen?

8. Wie bezeichnet man Blutzucker senkende Medikamente?

Arzneimittelapplikation 1

Arbeitsauftrag

Bestimmen Sie die dargestellten Applikationsmöglichkeiten und nennen Sie auch die Fachbegriffe!

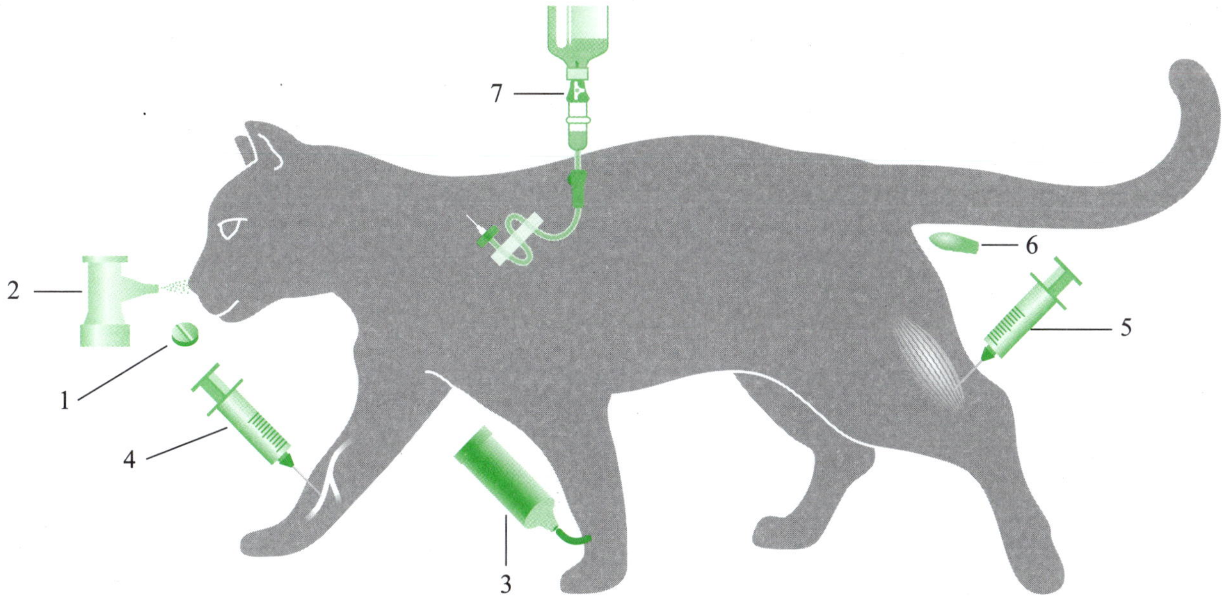

1 ______________________________

2 ______________________________

3 ______________________________

4 ______________________________

5 ______________________________

6 ______________________________

7 ______________________________

LF 11

LS 185

Arzneimittelapplikation 2

Arbeitsauftrag: Bearbeiten Sie die folgenden Aufgaben

1. a) Medikamente werden innerlich und äußerlich angewendet.
   Nennen Sie bitte den Ort der Anwendung!

Applikationsart	**Ort**
oral	____________________
rektal	____________________
perkutan	____________________
parenteral	____________________

   b) Injektionen können in verschiedene Gewebearten gesetzt werden.
   Erklären Sie die Abkürzungen:

s.c.	____________________
i.m.	____________________
i.v.	____________________
i.p.	____________________
i.a.	____________________

2. Wie bezeichnet man die folgenden Arzneimittel mit Fachbegriffen?

blutdrucksenkende Mittel	____________________
harntreibende Mittel	____________________
schmerzstillende Mittel	____________________
bakterienabtötende Mittel	____________________
beruhigende Mittel	____________________
Abführmittel	____________________
blutzuckersenkende Mittel	____________________
blutstillende Mittel	____________________
aufbauende Mittel	____________________
fiebersenkende Mittel	____________________

LS 185

Arzneimittelgruppen

LF 11

Arbeitsaufträge

1. Nennen Sie die deutschen Begriffe für die aufgelisteten Arzneimittelgruppen!

Analgetika ____________________

Antibiotika ____________________

Antidiabetika ____________________

Antikonzeptiva ____________________

Antimykotika ____________________

Antihypertonika ____________________

Antihypotonika ____________________

Antiphlogistika ____________________

Broncholytika ____________________

Chemotherapeutika ____________________

Diuretika ____________________

Hämostyptika ____________________

Hypnotika ____________________

Kardiaka ____________________

Kortikoide ____________________

Laxantia ____________________

Ophthalmika ____________________

Otologika ____________________

Sedativa ____________________

Sera ____________________

Spasmolytika ____________________

Urologika ____________________

Zytostatika ____________________

2. Erläutern Sie bitte, gegen welche Art der Erkrankung Antibiotika wirken und was bei der Einnahme eines Antibiotikums zu beachten ist.

____

____

____

____

LS 186

Arzneimittellehre

Arbeitsauftrag: Setzen Sie die fehlenden Begriffe sinnvoll in die Lücken ein!

Arzneimittel werden Menschen und Tieren verabreicht = ____________________, um Krankheiten und Beschwerden zu behandeln, zu ________________ und zu ______________.

Als Arzneistoffe werden einzelne chemische Elemente und Verbindungen, Pflanzen und Pflanzenbestandteile sowie tierische und menschliche Produkte, z.B. Hormone und Enzyme, verwendet.

Der griechische Begriff **Pharmakon** bedeutet sowohl Heilmittel (Arznei) als auch Gift. Diese Bedeutung weist darauf hin, dass jedes Arzneimittel zusätzlich zu den erwünschten heilenden Wirkungen auch schädliche Nebenwirkungen hat.

Pharmakologie = ____

____

Toxikologie = ____

Die Arzneimittelformen und ihre Anwendung (= Applikation)

Ein Arzneimittelwirkstoff kann nur selten direkt verabreicht werden. In der Regel ist eine Verarbeitung mit Hilfsstoffen zu einer bestimmten Arzneimittelform erforderlich.

Man unterscheidet folgende Formen:

Tabletten, Pulver, Tee, Granulat, Suppositorien, Dragees, Kapseln gehören zu den ________ Formen. Sie werden _____ oder ______ verabreicht. Diese Art der Verabreichung bezeichnet man als __________ Applikation. Dieses bedeutet, dass die Wirkstoffe über die Blutgefäße des ________________-Kanals aufgenommen = ______________ werden.

Streichfähige Arzneimittel sind ______________________________ und ________. Ihre Verabreichung geschieht weitgehend percutan, das heißt ____________________ und wird als _________ Applikation bezeichnet.

Die Verabreichung von z.B. Hormonpflastern bezeichnet man als transdermale Applikation; die Wirkstoffe werden durch das Blut in den Körper aufgenommen. Aus diesem Grund spricht man hier von einer __________________ Applikation.

Im Rahmen der parenteralen Verabreichung kann man ________________ z.B. unter die Haut = __________________, oder in den Muskel = _________________________ setzen.

Auch Inhalationen oder Infusionen gehören zu dieser Applikationsart.

Schmerzzäpfchen = ____________________ haben z.B. eine ____________Wirkung, Hämorrhoiden- oder Vaginalzäpfchen dagegen haben eine _________ Wirkung.

Flüssige Arzneimittel wie z.B. ____________, ____________, ___________, ____________, in denen kleinste Fetttröpfchen eingebettet sind, oder ______________, bei denen sich pulverförmige Schwebe-stoffe in einer Flüssigkeit befinden, können sowohl enteral als auch parenteral verabreicht werden.
Gasförmige Arzneimittelformen haben keine feste Form und kein konstantes Volumen. Man verwendet sie als ________________ oder bei zu geringer Sauerstoffzufuhr oder einem zu hohen Kohlendioxidgehalt im Blut.

Aerosole sind feste oder ______________ Schwebstoffe in Luft; die Medikamente werden ______________ z.B. zur Behandlung von Atemwegserkrankungen.
Wichtig bei der Einnahme von Medikamenten ist die sorgfältige Beachtung der Dosierungs- und Anwendungsempfehlungen, der __________________ (Kontraindikationen), und der Anwendungsbeschränkungen, der ____________________, der _______________________ mit anderen Mitteln (z.B. Alkohol) sowie Warnhinweise.
Beispiele für __________________ sind:

- Überempfindlichkeit (Allergie),
- Schwerwiegende Vorerkrankungen des Patienten,
- Schwangerschaft.

_______________________ sind unerwünschte Begleiterscheinungen, die bei Anwendungsfehlern, aber auch bei richtigem Gebrauch auftreten können.

Es gibt kein wirksames Medikament ohne Nebenwirkung!
Nebenwirkungen können z.B. sein:

- Blutbildungsstörungen und Störungen der Blutgerinnung,
- Allergien,
- Magen-Darm-Störungen,
- Leberfunktionsstörungen,

Deswegen müssen alle Fertigarzneimittel ______________________________ in vorgeschriebenen Pakkungsbeilagen enthalten.

LF 11

LS 187

Kreuzworträtsel Arzneimittel 1

Arbeitsauftrag: Setzen Sie die Fachbegriffe ein!

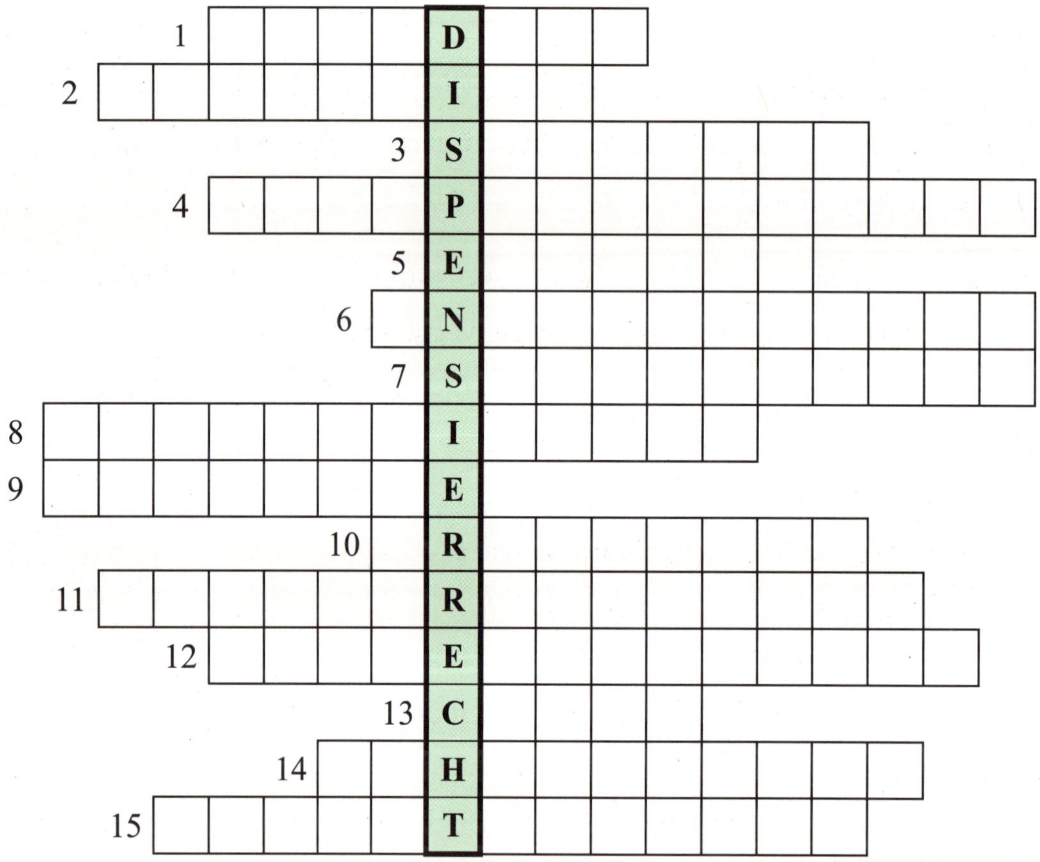

1 Gegenmittel
2 Ohrenmittel
3 stopfende Mittel
4 entzündungshemmende Mittel
5 Brechmittel
6 Mittel gegen bakterielle Infektionen
7 bakterienhemmende Mittel
8 blutstillende Mittel
9 stoffwechselfördernde Mittel
10 Mittel gegen Harnwegserkrankungen
11 Mittel gegen Ektoparasiten
12 Mittel gegen Wurmbefall
13 streichfähiges Arzneimittel
14 Mittel gegen Augenerkrankungen
15 sekretlösende Hustenmittel

LS 187

Kreuzworträtsel Arzneimittel 2

LF 11

waagerecht

1 Fachbegriff für Arzneimittelverabreichung
2 Verabreichung durch den Mastdarm
3 blutstillende Arzneimittel
4 Schmerzmittel
5 Beruhigungsmittel
6 blutzuckersenkende Arzneimittel
7 Arzneimittel gegen Ohrenbeschwerden
8 Abführmittel
9 entzündungshemmende Arzneimittel
10 Mittel gegen niedrigen Blutdruck

senkrecht

1 Schwangerschaftsverhütungsmittel
2 Mittel gegen Hautkrankheiten
3 Mittel gegen Pilzerkrankungen
4 Mittel gegen Herzkrankheiten
5 Verabreichung durch den Mund

LF 11

LS 188, 189

Arzneimittel

Arbeitsauftrag: Bearbeiten Sie die folgenden Aufgaben!

1. Stellen Sie die Arten der Arzneimittelapplikation dar, erläutern Sie diese und geben Sie jeweils drei Beispiele dazu an!

2. Ein Hund wird in Ihre Praxis gebracht und der Besitzer teilt Ihnen mit, dass das Tier seit zwei Tagen unter starkem Erbrechen leidet.
   a) Begründen Sie bitte, welche Art der Arzneimittelapplikation zu empfehlen/nicht zu empfehlen ist!

   b) Welches ist die Fachbezeichnung für Medikamente gegen Erbrechen?

3. Arzneimittel gibt es in unterschiedlichen Aggregatzuständen. Nennen Sie diese und geben Sie jeweils zwei Beispiele dazu an!

4. a) Sie haben eine neue Arzneimittellieferung bekommen und sollen diese in den Arzneischrank einordnen. Nach welchen Kriterien können Sie die Arzneimittel sinnvoll einordnen? Drei Angaben bitte!

   b) Sie müssen bei dem Wegräumen der Arzneimittel bedenken, dass nicht alle Arzneien in den gleichen Schrank eingeräumt werden können. Nennen Sie bitte zwei Beispiele und Orte für die Aufbewahrung bestimmter Arzneien!

5. Pharmakonzerne müssen sich vor möglichen Regressansprüchen gegenüber Patienten absichern. Deshalb sind sie verpflichtet, Beipackzettel mit vielen Hinweisen zu versehen. Nennen Sie bitte je drei Beispiele für:
   a) Gegenanzeigen, bei denen ein Medikament nicht eingenommen werden darf!

   b) Nebenwirkungen, die auftreten können!

c) Weitere Angaben, die darauf zu finden sind!

6. Ein Tierarzt bittet seine TFA, die Teilmenge eines Arzneimittels einem Klienten auszuhändigen. Worüber muss diese den Tierbesitzer unterrichten?

7. a) Machen Sie fünf Angaben über den Inhalt eines Rezeptformulars!

b) Welche Angaben dürfen Sie als TFA auf dem Rezept eintragen?

c) Was darf nur der Tierarzt/Tierärztin eintragen?

d) Wie lange ist ein Rezept nach der Ausstellung gültig?

8. Sie bekommen den Auftrag neue BtM-Rezepte zu bestellen.
a) Wo können Sie die Rezepte anfordern?

b) Woran können Sie nach Erhalt der Rezepte erkennen, dass diese für Ihre Praxis bestimmt sind?

c) Wie bzw. wo bewahren Sie die Rezepte auf?

d) Wie dokumentieren Sie den Verbrauch der Rezepte?

e) Wie lange müssen Sie das amtliche Formblatt und Teil III des Rezeptes aufbewahren?

f) Wo verbleiben die Teile I und II?

g) Wie lange ist ein BtM-Rezept nach der Ausstellung gültig?

9. Welche Angaben müssen Verpackungen von Fertigarzneimitteln aufweisen? (Sechs Beispiele)

10. Was sind Rezepturarzneimittel?

11. Es gibt Arzneimittel, die der Tierarzt trotz des Dispensierrechts nicht abgeben darf. Nennen Sie drei!

12. Was versteht man unter dem Begriff „Wartezeit“?

LF 11

LS 190, 191

Terminisammlung

Septum ______________________

Atrium dextrum ______________________

Ventriculus sinister ______________________

Trikuspidalis ______________________

____

Endocard ______________________

Myocarditis ______________________

____

Pericard ______________________

Tibia ______________________

Scapula ______________________

Patella ______________________

Phalanges ______________________

Os sacrum ______________________

Pelvis ______________________

Epiphyse ______________________

Clavicula ______________________

Ulna ______________________

Pylorus ______________________

Zwölffingerdarm ______________________

Leerdarm ______________________

Krummdarm ______________________

Blinddarm ______________________

Wurmfortsatz ______________________

Hypophyse ______________________

____

Epiphyse ______________________

Gl. thyreoidea ______________________

Gehirn ______________________

Milz ______________________

Niere ______________________

Mandeln ______________________

Luftröhre ______________________

Eileiter ______________________

Harnröhre ______________________

Prostata ______________________

____

Mastdarm ______________________

Hüftbein ______________________

Harnleiter ______________________

Leber ______________________

Gallenblase ______________________

Alveolen ______________________

____

Luftröhre ______________________

Zwerchfell ______________________

Kniescheibe ______________________

Oberarm-knochen ______________________

Schienbein ______________________

Speiche ______________________

kranial ______________________

bauchwärts ______________________

distal ______________________

dorsal ______________________

hyper ______________________

Anamnese ____________________
____

Anatomie ____________________
____

Aorta ____________________

Arteria ____________________

Assistenz ____________________

Bronchien ____________________

Caput ____________________

caudal ____________________
____

Cauda ____________________

Cavum oris ____________________

Cerebrum ____________________

Chirurg ____________________
____

Columna vertebralis ____________________

Cor ____________________

cardial ____________________
____
____

Costa ____________________

Cranium ____________________

Desinfektion ____________________
____
____

Diagnose ____________________
____

Diastole ____________________
____

diastolischer Wert ____________________
____
____

Disposition ____________________

Dorsum ____________________

Frontalebene ____________________

Gaster ____________________

Glandula ____________________

Hygiene ____________________
____

Intestinum, ____________________

intestinal ____________________

Konstitution ____________________
____

Larynx ____________________

lateral ____________________

medial ____________________

Medianebene ____________________
____
____

Medulla spinalis ____________________

Nervus ____________________

Neurologe ____________________
____

Ösophagus ____________________

Ovar, Ovarien ____________________

Pankreas
Pathologie
pathologisch
Penis
Pharynx
Physiologie
physiologisch
Prognose
Prophylaxe
prophylaktisch
Prostata
proximal
Pulmo
pulmonal
Rekonvaleszenz
Rhinos, Nasus
Sagittalebene
Sagitta
Sterilisation

sterilisieren
Symptom
Systole
systolischer Wert
Testis/Testes
Therapie
Thymus
Transversalebene
Uterus
Vagina
ventral
Venter
Vena
Dickdarm
Lehre von den Reaktionen der Seele

Arzneimittel/Lernkarten

Arbeitsauftrag:

Schneiden Sie die Kärtchen auf den nachfolgenden Seiten aus und ergänzen Sie damit Ihre Terminisammlung. Verwenden Sie diese Karten zur Lernkontrolle, wie auf Seite V beschrieben.

Pharmakologie	Granulat
Toxikologie	Kapseln
feste Arzneimittelformen	Tabletten
streichfähige Arzneimittelformen	Retard-Tablette

Körnchen, die häufig in Wasser gelöst eingenommen werden	**Lehre von den Wechselwirkungen zwischen Arzneistoffen und dem Organismus**
pulverförmig, granuliert oder flüssig in einer löslichen bzw. verdaulichen Hülle	**Lehre von den Giften und ihren schädlichen Wirkungen auf den Organismus**
fest gepresstes Pulver zur genauen Einzeldosierung	**Tee, Pulver, Granulat Kapseln, Tabletten, Dragees, Zäpfchen**
gibt den Wirkstoff langsam ab	**Salben, Cremes, Pasten, Gele**

flüssige Arzneimittelformen	Dragées
gasförmige Arzneimittelformen	Zäpfchen
Suppositorien	Tinkturen
Salben	Suspensionen
Cremes	Emulsionen
Pasten	Mixturen

Tabletten mit Fett-, Zucker-, Stärkeüberzug	**Lösungen, Tinkturen, Suspensionen, Emulsionen, Mixturen**
Suppositorien	**Gase (Narkosegase), Aerosole**
alkoholische Lösungen pflanzlicher oder tierischer Stoffe	**werden rektal oder vaginal verabreicht**
pulverförmige Stoffe, die in einer Flüssigkeit schweben	**Wirkstoffe befinden sich in einer Grundmasse aus Fett oder Parafin**
feinste Verteilungen von Flüssigkeiten in anderen, in denen sie nicht löslich sind	**Wirkstoffe befinden sich in einer Emulsion = Mischung aus Fett und Wasser**
Lösungen mehrerer Wirkstoffe	**Salben mit einem hohen Anteil fester Wirkstoffe**

Gele	Gase
Lösungen	Aerosole
Applikation	freiverkäufliche Arzneimittel
lokale Applikation	apothekenpflichtige Arzneimittel
systemische Applikation	verschreibungspflichtige Arzneimittel
enterale Anwendung	verschreibungsfähige Betäubungsmittel

besitzen keine feste Form und kein konstantes Volumen	**Wirkstoffe befinden sich in wasserlöslicher Grundmasse; bilden nach dem Trocknen einen Film auf der Haut**
enthalten feste oder flüssige Schwebestoffe in der Luft	**enthalten feste, flüssige, gasförmige Wirkstoffe in einem Lösungsmittel (Wasser, Alkohol)**
Mineral-, Heil-, Meerwässer; Pflaster; Brandbinden, Desinfektionsmittel	**Verabreichung und Anwendung von Pharmaka**
leichte Schmerzmittel, Abführmittel, Beruhigungsmittel	**– örtliche Wirkung – Anwendung von streichfähigen Arzneimitteln und Lösungen – Gabe von Augentropfen, Ohrentropfen, Nasentropfen**
Arzneimittel, die die Gesundheit von Mensch und Tier ohne ärztliche Überwachung gefährden können	**enterale und parenterale Anwendung**
Kokain, Morphium, Opium	**– Verabreichung durch den Magen-Darm-Trakt – oral = durch den Mund – rektal = durch den Mastdarm**

parenterale Anwendung	verfallene Arzneimittel
Nebenwirkungen	Analgetika
Antibiotika	Antiphlogistika
Antidiabetika	Dermatika
Antihypertonika	Diuretika
Antihypotonika	Kardiaka

Sondermüll, der nicht in normalen Abfall oder Ausguss gehört	**– Verabreichung unter Umgehung des Magen-Darm-Traktes; Wirkstoffaufnahme in das Blut – Verabreichung durch Injektionen, Infusionen, perkutan (Hormonpflaster)**
Schmerzmittel	**unerwünschte Begleiterscheinungen bei unsachgemäßer Anwendung**
entzündungshemmende Mittel	**hemmende oder abtötende Wirkung auf Lebewesen (Bakterien)**
Mittel gegen Hautkrankheiten	**blutzuckersenkende Mittel**
harntreibende Mittel	**blutdrucksenkende Mittel**
Mittel gegen Herzkrankheiten	**Mittel gegen niedrigen Blutdruck**

Antikonzeptiva	Coronarmittel
Laxantia	Spasmolytika
Ophthalmika	Sera
Otologika	Zytostatika

Mittel zur Verbesserung der Herzdurchblutung an den Herzkranzgefäßen	**empfängnisverhütende Mittel**
krampflösendes Mittel	**Abführmittel**
Arzneimittel mit spezifischen Antikörpern	**Mittel gegen Augenkrankheiten**
Mittel zur Hemmung der Zellteilung bei malignen Tumoren	**Mittel gegen Ohrenkrankheiten**

Überlegungen zur Arbeitsplatzsuche

LF 12

Fallbeispiel

Sie haben demnächst Ihre Ausbildung beendet, können aber leider nicht in Ihrer Praxis bleiben, weil Ihre Ausbilderin aus Altersgründen die Praxis schließt, da sie keinen Nachfolger gefunden hat. Das bedeutet für Sie, dass Sie sich bei einer neuen tierärztlichen Praxis um eine Arbeitsstelle bewerben müssen. Sie haben die Möglichkeit, sich entweder auf eine angebotene Stelle zu bewerben oder sich selbst aktiv auf die Suche zu begeben.

Für eine Bewerbung müssen Sie natürlich eine ganze Reihe von Dingen beachten, die Sie Ihrem neuen Chef oder Ihrer neuen Chefin vorlegen müssen, um einen guten Eindruck zu hinterlassen.

Außerdem müssen Sie sich auf ein Vorstellungsgespräch vorbereiten, um Ihre Fähigkeiten und Qualitäten zur Geltung zu bringen und sich Antworten auf eventuelle Fragen zurechtzulegen.

Um keine Fehler bei einem möglichen Vertragsabschluss zu machen, die Ihnen evtl. Nachteile bringen könnten, informieren Sie sich im Vorfeld, was in einem Arbeitsvertrag stehen muss bzw. was im Manteltarifvertrag festgelegt ist.

LF 12

LS 192

Arbeitszeugnis

Da Sie ja nicht in Ihrer Praxis bleiben können, erinnern Sie Ihre Chefin daran, Ihnen das Arbeitszeugnis auszustellen, das Sie kritisch prüfen, da Sie in der Berufsschule dieses Thema ausführlich besprochen haben.

Arbeitsauftrag: Stellen Sie dar, welche Angaben in einem Arbeitszeugnis zu finden sein sollten und was nicht darin stehen darf!

LS 193

Bewerbungsmappe

LF 12

Das Ende Ihrer Ausbildungszeit ist erreicht, Sie haben die Prüfung zur Tiermedizinischen Fachangestellten bestanden und bewerben sich nun um einen neuen Arbeitsplatz.

Arbeitsauftrag:

1. Stellen Sie eine Bewerbungsmappe mit den notwendigen Unterlagen zusammen!

2. Erläutern Sie, welche Angaben das Anschreiben zur Bewerbung enthalten sollte!

3. Gestalten Sie einen Lebenslauf inhaltlich und formal nach Themenblöcken! Achten Sie dabei auf Vollständigkeit und Übersichtlichkeit!

4. **Listen Sie auf, welche Informationen des Lebenslaufs für einen Chef/eine Chefin wichtig sind!**

LF 12 LS 194

Bewerbung/Textbausteine

Arbeitsauftrag:
Machen Sie Vorschläge für so genannte Textbausteine, deren Verwendung als Einleitung zu empfehlen ist bei der Bewerbung einer:

a) Stellenausschreibung

b) Bewerbung in Eigeninitiative

LS 194–195

Vorstellungsgespräch

Sie haben sich in einer neuen Praxis beworben und einen Termin für ein Vorstellungsgespräch verabredet.

Arbeitsauftrag:

1. **Listen Sie anhand von Beispielen auf, wie Sie in einem Vorstellungsgespräch mit Ihrer Körpersprache positiv auf sich aufmerksam machen können und was Sie unbedingt vermeiden sollten!**

2. Ihr zukünftiger Chef macht in dem Vorstellungsgespräch ganz deutlich, dass der Ruf seiner tierärztlichen Praxis nicht nur von der fachlichen Qualität der Tierärzte/Tierärztinnen die dort arbeiten bestimmt wird, sondern auch von den tiermedizinischen Angestellten, die als Erste mit den Patientenbesitzern telefonisch oder persönlich in Kontakt treten.
Er bittet Sie, sich zu folgenden Fragen zu äußern!

a) Welche Erwartungen hat man an die TFA hinsichtlich ihres Umgangs mit Klienten und Patienten?

b) Welche Folgen, können durch ein unprofessionelles Verhalten zwischen Klienten und Angestellten einer tierärztlichen Praxis entstehen?

c) Was erwartet man im Interesse eines positiven Images einer Praxis neben den fachlichen Qualifikationen von den Angestellten?

d) Welche Möglichkeiten haben Sie, um sich weiter fortzubilden?

e) Welche Themen bieten sich inhaltlich als Fortbildungsveranstaltungen für eine TFA an?

3. Bereiten Sie sich selbst auf Fragen vor, die Sie Ihrem neuen Chef stellen können!

LS 196

Teamarbeit

In dem Vorstellungsgespräch macht Ihnen der neue Praxisinhaber deutlich, dass er großen Wert auf ein gut eingespieltes Team legt, auf das er sich verlassen kann. Deshalb finden an einem Tag der Woche Teamsitzungen in seiner Praxis statt, um genaue Organisationen und Planungen abzusprechen und Praxisarbeit und Praxisabläufe so effektiv wie möglich zu gestalten. Er bittet Sie um eine Stellungnahme zu diesem Vorgehen.

Arbeitsauftrag:

Erläutern Sie ihm, was der/die Einzelne dazu beitragen muss, damit dieses Ziel innerhalb des Teams erreicht werden kann und welche Verhaltensweisen nicht förderlich für ein gutes Betriebsklima sind!

LS 196

Arbeitsvertrag

LF 12

Sie haben sich in einer neuen Praxis beworben und nach dem Vorstellungsgespräch, in dem Sie einige mündliche Absprachen getroffen haben, die Zusage erhalten, dass Sie dort eingestellt werden.

Arbeitsauftrag:

1. **Nennen Sie allgemeingültige Vorschriften für einen Arbeitsvertrag!**

2. **Erstellen Sie eine Übersicht über die Daten, die in einen Arbeitsvertrag gehören!**

3. **Erläutern Sie den Unterschied zwischen einem Manteltarifvertrag und einem Gehaltstarifvertrag!**

LF 12

LS 197

Sozialversicherungsabgaben/ Altersversorgung

Sie freuen sich, dass Sie demnächst nicht mehr nur Ihre Ausbildungsvergütung zur Verfügung haben werden, machen sich aber auch Gedanken darüber, was Sie dann selbst oder Ihr Arbeitgeber an die einzelnen Sozialversicherungen prozentual abführen müssen.

Arbeitsauftrag:

1. **Geben Sie für die Sozialversicherungen den jeweiligen Träger und die zu erbringenden Leistungen an!**

Rentenversicherung

Träger: ______________________________

Leistungen: ______________________________

____

Krankenversicherung

Träger: ______________________________

Leistungen: ______________________________

____

Pflegeversicherung

Träger: ______________________________

Leistungen: ______________________________

____

Arbeitslosenversicherung

Träger: ______________________________

Leistungen: ______________________________

____

Unfallversicherung

Träger: ______________________________

Leistungen: ______________________________

____

2. Tragen Sie in die Tabelle die aktuellen Prozentsätze der einzelnen Versicherungen ein!

Versicherung	% Arbeitgeber	% Arbeitnehmer
Rentenversicherung		
Krankenversicherung		
Pflegeversicherung		
Arbeitslosenversicherung		
Unfallversicherung		

3. Nennen Sie weitere Abzüge vom Bruttogehalt!

Sie denken schon früh über Ihre Altersversorgung nach und informieren sich im Internet unter www.aekno.de über den Tarifvertrag zur betrieblichen Altersversorgung durch Entgeltumwandlung, der seit dem 01. 04. 2008 in Kraft ist.

4. Erläutern Sie kurz, was durch diesen Vertrag geregelt wird!

---

5. Tragen Sie in die folgende Tabelle die Beträge ein, die die jeweiligen Arbeitnehmer erhalten!

Gruppe	monatlicher Betrag, zusätzlich zu vermögenswirksamen Leistungen	monatlicher Betrag anstelle der vermögenswirksamen Leistungen
Arbeitnehmer mit regelmäßiger durchschnittlicher Arbeitszeit von 18 Stunden wöchentlich und mehr		
Arbeitnehmer mit regelmäßiger durchschnittlicher Arbeitszeit von weniger als 18 Stunden/Woche		
Auszubildende nach der Probezeit		

LF 12 LS 198

Kündigung

Fallbeispiel

Ihre Schwester hat Ihnen völlig deprimiert mitgeteilt, dass ihr Mann verzweifelt sei, da er befürchte die Kündigung zu erhalten, weil betriebsbedingte Gründe dazu Anlass gäben, Arbeitsplätze wegen Umsatzrückgangs abzubauen.

Arbeitsauftrag:

1. Nennen Sie Gründe, warum ein Arbeitsverhältnis grundsätzlich beendet werden kann!

____

____

____

2. Nennen Sie Gründe, die betriebsbedingte Kündigungen rechtfertigen!

____

____

3. Entscheiden Sie laut Kündigungsschutzgesetz § 1, welcher der Personen zuerst gekündigt werden darf ohne als sozial ungerechtfertigt zu gelten!

Person	Betriebszugehörigkeit in Jahren	Alter	unterhaltspflichtig	schwerbehindert
Herr A	14	32	verheiratet	nein
Herr B	23	54	verheiratet, 3 Kinder	nein
Frau C	3	24	ledig, schwanger	nein
Herr D	12	30	geschieden, 2 Kinder	nein
Frau E	7	28	ledig, Mitglied im Betriebsrat	nein
Herr F	8	25	verheiratet, 1 Kind, Elternzeit	nein

____

____

____

____

4. Geben Sie die gesetzliche Kündigungsfrist für Arbeitnehmer an, die laut BGB, § 622(1) bei einer fristgemäßen, ordentlichen Kündigung festgelegt ist!

5. Es gibt Gründe für Arbeitnehmer und Arbeitgeber, die eine außerordentliche Kündigung rechtfertigen. Nennen Sie diese!

Arbeitnehmer:

Arbeitgeber:

6. Welche Unterlagen müssen einem Arbeitnehmer vom Arbeitgeber nach dem Ausscheiden aus dem Betrieb ausgehändigt werden?

Aufbau der Knochen

LF 9

Arbeitsauftrag
Beschriften Sie mit Hilfe des Buches die Abbildungen und erläutern Sie die Funktionen der Knochenbestandteile!

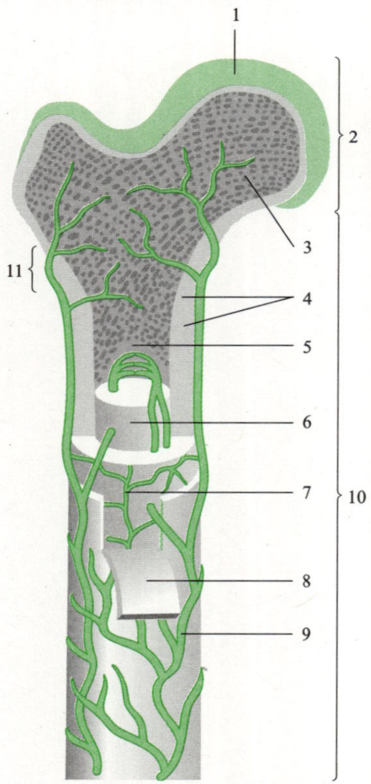

1 *hyaliner Knorpel*
2 *Knochenkopf = Epiphyse*
3 *Knochenbälkchen = Spongiosa*
4 *Knochenrinde = Kompakta*
5 *Knochenmarkhöhle*
6 *Knochenmark*
7 *Nerv*
8 *Knochenhaut = Periost*
9 *Blutgefäß*
10 *Knochenschaft = Diaphyse*
11 *Mittelstück = Metaphyse*

F unktionen der Knochenbestandteile

1 = Elastizität, ermöglicht Reibungslosigkeit; 2 = Teil des Gelenkes; 3 = Stabilität, Elastizität, Bildungsort von rotem Knochenmark; 4 = Festigkeit, Härte; 5/6 = Bildungsort von rotem Knochenmark bei jungen Tieren; Umwandlung in gelbes Knochenmark (=Fett) bei erwachsenen Tieren; 7, 8, 9 = äußere Hülle des Knochens mit Blutgefäßen zur Versorgung und Nerven zur Reizaufnahme; 10 = Verbindungsstück zwischen Kopf und Pfanne, Mittelstück der Röhrenknochen; 11 = Längenwachstumszone

Gelenkaufbau

LF 9

Arbeitsauftrag: **Beschriften Sie die Abbildung des Gelenkes!**

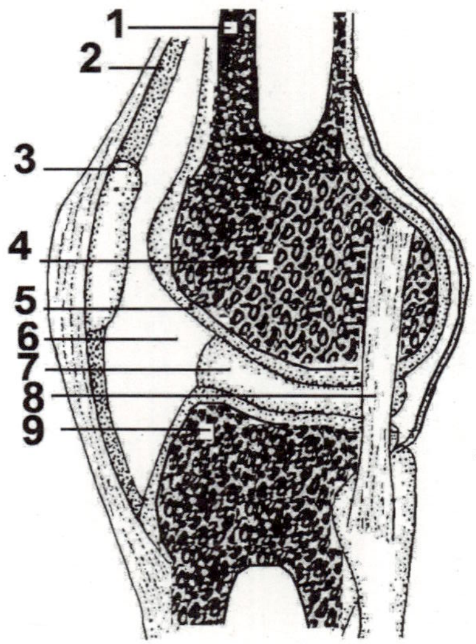

Beispiel Kniegelenk

1 *Knochenrinde = Kompakta*
2 *Gelenkkapsel*
3 *Kniescheibe*
4 *Gelenkkopf*
5 *Gelenkknorpel*
6 *Gelenkspalt mit Gelenkschmiere (= Synovia)*
7 *Kniescheibe =Patella*
8 *Außenband*
9 *Gelenkpfanne*

LF 9

Muskeln des Hundes

Arbeitsauftrag: **Beschriften Sie die Abbildung mit deutschen Begriffen!**

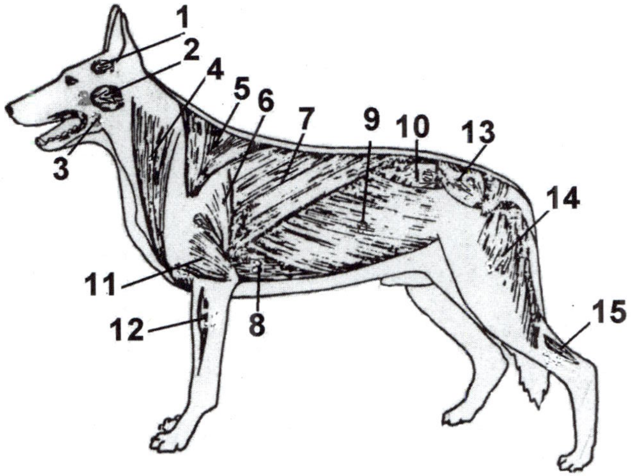

1	*Schläfenmuskel*	*Musculus (M.) temporalis*
2	*Kaumuskel*	*M. masseter*
3	*Ringmuskel des Mundes*	*M. orbicularis oris*
4	*breiter Halsmuskel*	*M. cleidocervicalis*
5	*trapezförmiger Muskel*	*M. trapezius*
6	*dreiköpfiger Armmuskel*	*M. triceps brachii*
7	*breiter Rückenmuskel*	*M. latissimus dorsi*
8	*tiefer Brustmuskel*	*M. pectoralis profundus*
9	*äußerer schiefer Bauchmuskel*	*M. obliquus externus abdominis*
10	*innerer schiefer Bauchmuskel*	*M. obliquus internus abdominis*
11	*Oberarmmuskel*	*M. biceps brachii*
12	*Zehenstrecker*	*M. extensor digitorum longus*
13	*mittlerer Gesäßmuskel*	*M. gluteus medius*
14	*zweiköpfiger Oberschenkelmuskel*	*M. biceps femoris*
15	*oberflächlicher Zehenbeuger*	*M. flexor digitorum superficialis*

LF 9

Schädelknochen des Rindes, frontal

Arbeitsauftrag: **Beschriften Sie die Abbildung des Rinderschädels!**

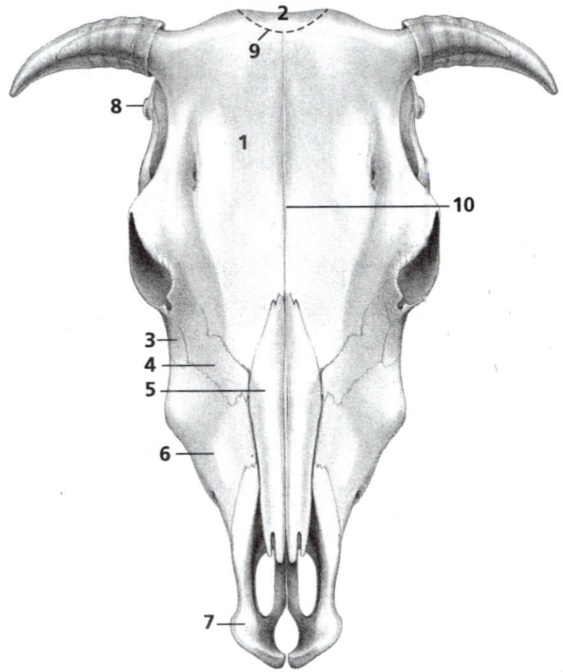

1	*Stirnbein*	*Os frontale*
2	*Zwischenscheitelbein*	*Os interparietale*
3	*Jochbein*	*Os zygomaticus*
4	*Tränenbein*	*Os lacrimale*
5	*Nasenbein*	*Os nasale*
6	*Oberkieferbein*	*Os maxillare (Maxilla)*
7	*Zwischenkieferbein*	*Os incisivum*
8	*Schläfenbein*	*Os temporale*
9	*Kranznaht*	*Sutura coronalis*
10	*Zwischenstirnbeinnaht*	*Sutura interfrontalis*

Schädelknochen des Rindes, seitlich

LF 9

Arbeitsauftrag
Beschriften Sie die Abbildung des Rinderschädels!

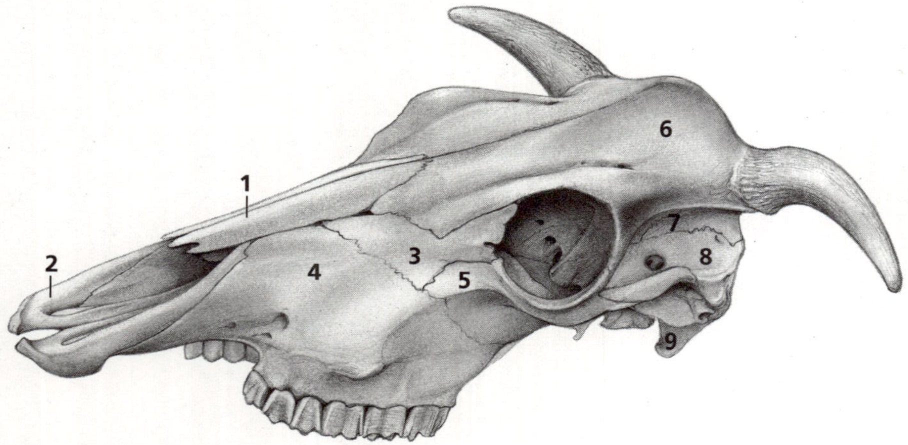

1	*Nasenbein*	*Os nasale*
2	*Zwischenkieferbein*	*Os incisivum*
3	*Tränenbein*	*Os lacrimale*
4	*Oberkieferbein*	*Os maxillare (Maxilla)*
5	*Jochbein*	*Os zygomaticum*
6	*Stirnbein*	*Os frontale*
7	*Scheitelbein*	*Os parietale*
8	*Schläfenbein*	*Os temporalis*
9	*Hinterhauptbein*	*Os occipitale*

LF 9

Skelett der Katze

Arbeitsauftrag: Beschriften Sie mit Hilfe des Lehrbuches das Skelett der Katze mit deutschen Begriffen und Fachbegriffen!

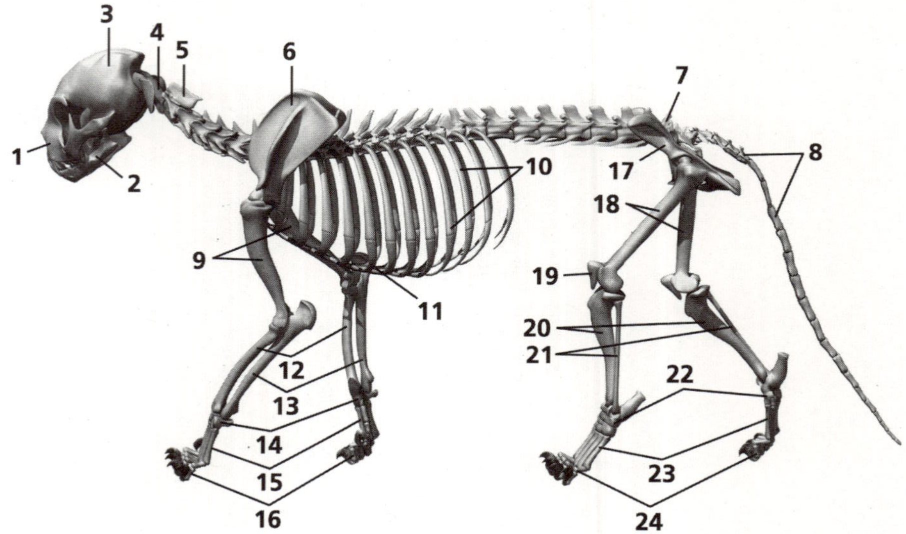

1	*Oberkiefer*	*= Maxilla*	13	*Elle*	*= Ulna*
2	*Unterkiefer*	*= Mandibula*	14	*Handwurzelknochen*	*= Carpus*
3	*Schädel*	*= Cranium*	15	*Mittelhandknochen*	*= Metacarpus*
4	*1. Halswirbel*	*= Atlas*	16	*Zehenknochen*	*= Phalanges*
5	*2. Halswirbel*	*= Axis*	17	*Becken*	*= Pelvis*
6	*Schulterblatt*	*= Scapula*	18	*Oberschenkelkn.*	*= Femur*
7	*Kreuzbein*	*= Os sacrum*	19	*Kniescheibe*	*= Patella*
8	*Schwanz*	*= Cauda*	20	*Schienbein*	*= Tibia*
9	*Oberarmknochen*	*= Humerus*	21	*Wadenbein*	*= Fibula*
10	*Rippen*	*= Costae*	22	*Fußwurzelknochen*	*= Tarsus*
11	*Brustbein*	*= Sternum*	23	*Mittelfußknochen*	*= Metatarsus*
12	*Speiche*	*= Radius*	24	*Zehenknochen*	*= Phalanges*

LF 9 Skelett des Pferdes

Arbeitsaufträge

1. **Benennen Sie die Abschnitte a–g der Wirbelsäule!**
2. **Beschriften Sie die Abbildung!**

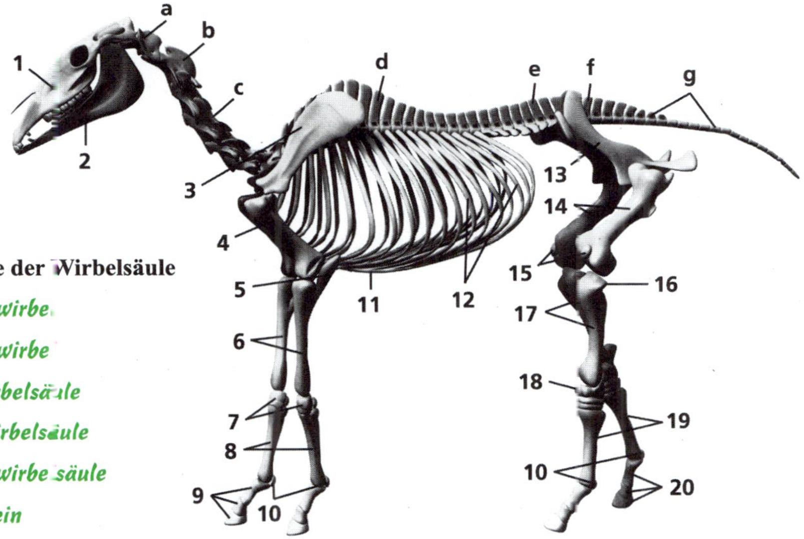

Abschnitte der Wirbelsäule

a *1. Halswirbel*
b *2. Halswirbel*
c *Halswirbelsäule*
d *Brustwirbelsäule*
e *Lendenwirbelsäule*
f *Kreuzbein*
g *Schwanzwirbelsäule*

Skelettknochen des Pferdes

1	*Oberkiefer*	*= Maxilla*	11	*Brustbein*	*= Sternum*
2	*Unterkiefer*	*= Mandibula*	12	*Rippen*	*= Costae*
3	*Schulterblatt*	*= Scapula*	13	*Hüftbein*	*= Os coxae*
4	*Oberarmknochen*	*= Humerus*	14	*Oberschenkelknochen*	*= Femur*
5	*Elle*	*= Ulna*	15	*Kniescheibe*	*= Patella*
6	*Speiche*	*= Radius*	16	*Wadenbein*	*= Fibula*
7	*Handwurzelknochen*	*= Carpus*	17	*Schienbein*	*= Tibia*
8	*Mittelhandknochen*	*= Metacarpus*	18	*Fußwurzelknochen*	*= Tarsus*
9	*Zehenknochen*	*= Phalanges*	19	*Mittelfußknochen*	*= Metatarsus*
10	*Sesambein*	*= Os sesamoideum*	20	*Zehenknochen*	*= Phalanges*

LF 9 Wirbelsäule des Hundes

Arbeitsauftrag

Geben Sie die Abschnitte der Wirbelsäule mit deutschem Begriff und Fachbegriff und die jeweilige Anzahl der Wirbel an!

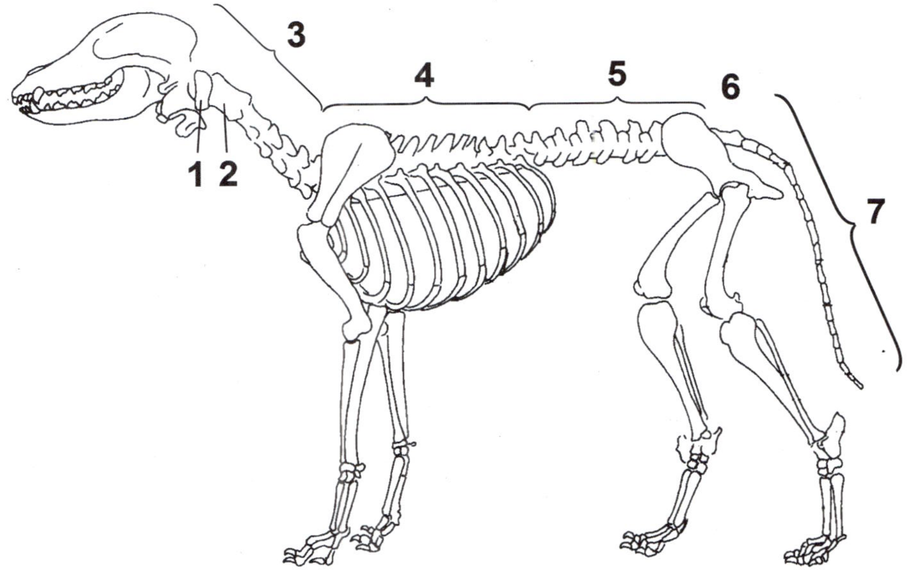

Nr.	Abschnitt	Anzahl	deutscher Begriff	Fachbegriff
1	*HWS*	*1*	*1. Halswirbel*	*Atlas*
2	*HWS*	*1*	*2. Halswirbel*	*Axis*
3	*HWS*	*7*	*Halswirbelsäule*	*Vertebra cervicales*
4	*BWS*	*13*	*Brustwirbelsäule*	*Vertebra thoracicae*
5	*LWS*	*7*	*Lendenwirbelsäule*	*Vertebra lumbales*
6	*Kreuzbein*	*3*	*Kreuzbein*	*Os sacrum*
7	*Schwanz*	*20–23*	*Schwanzwirbelsäule*	*Vertebra caudales*

Bau der Wirbelsäule und der Wirbel

LF 9

Arbeitsaufträge

1. **Tragen Sie in die Tabelle die Anzahl der Wirbel bei den verschiedenen Individuen ein!**
2. **Beschriften Sie die Abbildung des Lendenwirbels!**

Individuum	HWS	BWS	LWS	Kreuzbein	Steißbein	Schwanzwirbel
Hund/Katze	7	13	7	3	nein	20–23
Pferd	7	18	6	4–6	nein	15–21
Rind	7	13	6	3–5	nein	18–20
Schaf	7	13	6	3–5	nein	3–24
Ziege	7	13	6	3–5	nein	12–16
Schwein	7	15	6	4	nein	20–23
Mensch	7	12	5	5	ja	keine

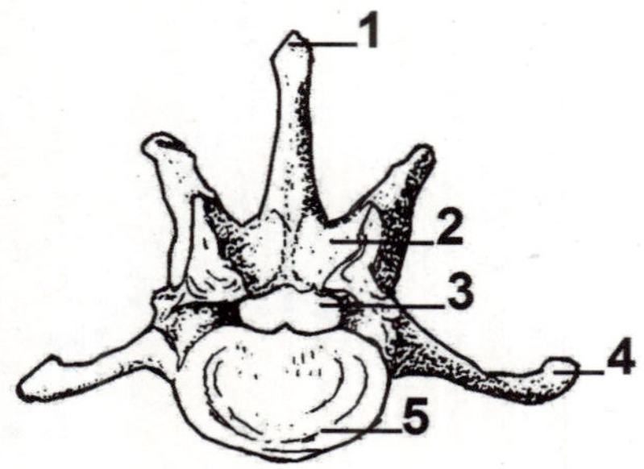

1 *Dornfortsatz*
2 *Wirbelbogen*
3 *Wirbelloch*
4 *Querfortsatz*
5 *Wirbelkörper*

Arbeitsauftrag

Ordnen Sie die entsprechenden Buchstaben zu!

1. Schädel	*k*	a) Mandibula
2. Oberschenkel	*g*	b) Axis
3. Schienbein	*v*	c) Os ileum
4. Wadenbein	*x*	d) Columna vertebralis
5. Fersenbein	*o*	e) Os sacrum
6. Elle	*t*	f) Atlas
7. Speiche	*m*	g) Femur
8. Schlüsselbein	*q*	h) Os pubis
9. Schulterblatt	*i*	i) Skapula
10. Wirbelsäule	*d*	j) Phalanges
11. erster Halswirbel	*f*	k) Cranium
12. zweiter Halswirbel	*b*	l) Maxilla
13. Rippen	*w*	m) Radius
14. Brustbein	*s*	n) Os ischii
15. Sprungbein	*u*	o) Calcaneus
16. Oberkiefer	*l*	p) Pelvis
17. Unterkiefer	*a*	q) Clavicula
18. Zehen	*j*	r) Patella
19. Sitzbein	*n*	s) Sternum
20. Kreuzbein	*e*	t) Ulna
21. Darmbein	*c*	u) Talus
22. Schambein	*h*	v) Tibia
23. Kniescheibe	*r*	w) Costae
24. Becken	*p*	x) Fibula

LF 9 Fragen zu Knochen

Arbeitsauftrag: Bearbeiten Sie die folgenden Aufgaben!

1. Aus welchen Knochen wird gebildet:
   a) der Brustkorb? *Aus Brustbein, Brustwirbeln und Rippenpaaren*
   b) der Beckengürtel? *Aus Kreuzbein und zwei Hüftbeinen*
   c) ein Hüftbein? *Aus Darmbein, Sitzbein, Schambein*

2. Nennen Sie bitte die verschiedenen Arten der Knochen, je eine Aufgabe und geben Sie je ein Beispiel ihres Vorkommens an!

Knochenart	Aufgabe	Vorkommen
Röhrenknochen	*stützen*	*Extremitäten*
platte Knochen	*schützen*	*Brustbein, Becken, Rippen, Hirnschädel, Schulterblätter*
kurze Knochen	*ermöglichen Bewegung*	*Hand– Fußwurzelknochen*
unregelmäßige Knochen	*Formgebung*	*Gesichtsschädel*

3. Ordnen Sie bitte zu!

Osteozyten sind	*b*	a) Knochen bildende Zellen
Osteoklasten sind	*c*	b) Knochenzellen
Osteoblasten sind	*a*	c) Knochen abbauende Zellen

4. Wie bezeichnet man die kleinste Baueinheit eines Knochens?
   Osteon

5. Vervollständigen Sie bitte den Lückentext!
   An den Röhrenknochen der Gliedmaßen werden der Knochenschaft (= *Diaphyse*) und die Gelenkenden (= *Epiphysen*) unterschieden. Dazwischen befindet sich die *Metaphyse*, in der im Wachstumsalter der Tiere das *Längenwachstum* stattfindet. Die äußere Umhüllung des Knochens ist die *Knochenhaut* (= *Periost*), in dem zur Versorgung des Knochens *Blutgefäße* mit Nährstoffen verlaufen. Weiterhin befinden sich hier *Nervenbahnen*, die Schmerzen registrieren. Die Knochenwand besteht aus einer dichten Knochenmasse, die als *Kompakta* bezeichnet wird. Im Innern des Knochens befindet sich die *Markhöhle*, die bei erwachsenen Tieren das *gelbe Knochenmark* enthält.

LF 9 Fragen zum Röntgen

Arbeitsauftrag: Bearbeiten Sie die folgenden Aufgaben!

1. Wie erscheinen auf einem Röntgenfilm folgende Gewebe?
   - Lungengewebe: *Strahlendurchlässig aufgrund der Lufthaltigkeit, erscheint dunkel*
   - Muskelgewebe: *Mittlere Strahlendurchlässigkeit des Gewebes, erscheint grau.*
   - Knochengewebe: *Starke Absorption der Strahlen durch die Dichte des Gewebes, erscheint hell.*

2. Was versteht man unter Röntgenschatten?
   Die stärker absorbierenden Gewebebereiche, die auf der fertigen Röntgenaufnahme als helle Flächen dargestellt werden.

3. Wie stellt sich die Röntgenaufnahme dem Betrachter dar?
   Als negatives Bild, die stärker durchstrahlten Gewebe sind dunkel, die absorbierenden Gewebe hell.

4. Wie werden Bezirke bezeichnet, die a) dunkler, b) heller sind als normal?
   a) dunkler *Sie werden als Verschattungen bezeichnet, das Gewebe ist dichter (absorbiert mehr Strahlen) als normal.*
   b) heller *Sie werden als Aufhellungen bezeichnet, das Gewebe ist weniger dicht als normal, lässt mehr Strahlen durch.*

5. Welche Werte werden an einem Röntgengerät vor der Aufnahme eingestellt und was bedeuten diese?
   mA (Milliampere) = Menge der Röntgenstrahlen (rem /Sv, 100 rem = 1Sv), Erfassungsbereich der Röntgenstrahlen.
   mAs (Milliamperesekunden) = Menge der Röntgenstrahlen in der Zeiteinheit
   kV (Kilovolt = Röhrenspannung) = Je höher die kV-Zahl, desto größer sind Elektronendruck und Elektronengeschwindigkeit, desto größer ist die Energie der Strahlen, d.h. ihr Durchdringungsvermögen.

6. Wer ist verantwortlich für das Einstellen der Werte?
   Tierarzt/Arzt ist verantwortlich für das Einstellen der Werte. Er nimmt die Einstellungen entweder persönlich vor oder gibt die entsprechenden Anweisungen an das Fachpersonal.

7. Was bedeutet der Begriff „Radiologie“?

   Lehre von radioaktiven Strahlen

8. Was sind Röntgenstrahlen und wie entstehen sie?

   Elektromagnetische Wellen (kurze Wellenlänge), die eine hohe Durchdringungsfähigkeit haben (können sogar Blei durchdringen).

   Sie entstehen, wenn bei hohen Spannungen (30.000–120.000 Volt = 30 kV bzw. 120 kV) schnell fliegende Elektronen mit hoher Geschwindigkeit auf eine harte Materie (Wolfram) treffen.

   Die künstliche Herstellung von Röntgenstrahlen erfolgt in einer so genannten Röntgenröhre. Hier wird eine Anodenscheibe aus dem Schwermetall Wolfram mit Elektronen beschossen. Sie treffen in geraden Linien auf einem Punkt (Brennfleck) der Anodenscheibe auf; die dadurch entstehenden Röntgenstrahlen strahlen von dort in alle Richtungen aus. Die Röntgenröhre ist von einem Bleimantel umhüllt, der eine kleine Öffnung für den Austritt des Röntgenstrahlenbündels besitzt.

   Diese Strahlen durchdringen Materie und können einen fotografischen Film schwärzen und Metallsalze (Zinkcadmiumsulfid des Röntgenschirmes). Ihre Durchdringungsfähigkeit (Härte) ist abhängig von ihrer Energie und die wiederum ist abhängig von der zur Erzeugung verwendeten Spannung.

9. Warum bewirken Röntgenstrahlen u.U. Strahlenschäden?

   Röntgenstrahlen wirken biologisch, sie zerstören Zellen (vor allem im Teilungsstadium). Röntgenstrahlen sind ionisierende Strahlen, d.h. sie besitzen die Fähigkeit, ein oder mehrere der den Atomkern umkreisenden Elektronen gewaltsam aus der Atomhülle zu reißen und erzeugen damit ein als Ion bezeichnetes Teilchen. Ionisierung in den Atomen von Molekülen, die im Körper eine wichtige Rolle spielen, kann zu einer biologischen Schädigung führen. Ganzkörperdosen von unter 2 Gy verlaufen bei gesunden Erwachsenen i.d.R. nicht tödlich.

   Moleküle verändern sich, es können sich z.B. Zellgifte bilden, das führt zur Inaktivierung von Enzymen. Erbsubstanz (DNS) kann verändert werden.

10. Welche verschiedenen Strahlenschäden können bei unsachgemäßem Umgang mit Röntgenstrahlen auftreten?

    Somatische (körperliche) Strahlenschäden: Hautrötung, Strahlenkater (Kopfschmerz, Übelkeit, Fieber), Gewebenekrosen (Zerstörung, Absterben von Zellen), Leukopenie, Knochenmarkversagen;

    Genetische Strahlenschäden: Infertilität (Dauersterilität), Erbschäden (Missbildungen durch Chromosomenschäden);

    Einschränkung/Zusammenbruch des Immunsystems: Anfälligkeit gegenüber Infektionen.

11. Welche Schutzmaßnahmen sind bei jeder Röntgenaufnahme zu beachten?

    Abstand zur Strahlenquelle halten – Strahlungsintensität nimmt im Quadrat der Entfernung ab. Die Strahlenmenge verteilt sich im doppelten Abstand auf die vierfache Fläche, so dass sie pro einfache Fläche auf ein Viertel reduziert ist.

    Abschirmung von Körperteilen durch Bleischürzen, -handschuhe. Achtung Röntgenstrahlen können auch Blei durchdringen.

    Aufenthalt im Strahlenbereich so gering wie möglich halten. Bei Aufnahmen den Raum nach Möglichkeit verlassen.

    Keine Nahrungsmittel im Röntgenraum aufbewahren oder verzehren.

12. Was versteht man unter den drei „A“ beim Strahlenschutz?

    Abstand, Abschirmung, Aufenthalt

13. Welche Möglichkeiten der Strahlenkontrolle gibt es?

    1× pro Jahr biologische Kontrolle mit Blutstatus, für Personen, die regelmäßig mit Röntgengeräten arbeiten.

    Technische Kontrolle durch Direktsichtdosimeter (Füllhalterdosimeter) – misst die Tageswerte, die in ein Röntgenprotokoll eingetragen werden. Gibt Aufschluss über mögliche Strahlenbelastung.

    Technische Kontrolle durch Strahlenschutzplakette – Film zwischen Metallfiltern, der nach Entwicklung Art und Menge der Strahlen anzeigt. Filme monatlich an Landesinstitut für Arbeitsmedizin – Strahlenschutzdosimeter-Messstelle senden.

14. Was müssen Sie seit Festlegung der neuen Röntgen-Verordnung im Umgang mit Patientenbesitzern beachten, wenn diese bei einer Röntgenaufnahme des Tieres dabei sein wollen?

    Erhalten eine Unterweisung, müssen Einverständniserklärung unterschreiben, es muss eine Dosismessung erfolgen (muss sofort ablesbar sein).

15. Wie kann auf einer Röntgenaufnahme festgestellt werden, ob z.B. eine Ernährungssonde sachgerecht in der Speiseröhre bzw. im Magen liegt?

    Durch Markierung der Sonde mit einem so genannten „Röntgenstreifen", der für Strahlen undurchlässig ist und sich deshalb als weißer Streifen darstellt.

16. Wie nennt man das „Regelwerk" für den Umgang mit Röntgenstrahlen?

    Röntgenverordnung

17. Darf jede TFA röntgen? Braucht sie dafür Voraussetzungen?

    Die TFA muss den „Röntgenschein" haben. Dieses ist eine besondere Bescheinigung über Kenntnisse im Umgang mit Röntgen. Außerdem steht die TFA beim Röntgen immer unter der Aufsicht und Verantwortung des Tierarztes.

18. Welche Pflichten hat der Tierarzt im Umgang mit Röntgen gegenüber seinen Angestellten?

    Halbjährliche Belehrung über Arbeitsmethoden, Gefahren und Schutzmöglichkeiten, die aufgezeichnet und von allen unterschrieben werden müssen (5 Jahre aufbewahren). Für Personal im Kontrollbereich gilt: Untersuchungen bei bestimmten ermächtigten Ärzten.

19. Welche beiden Arbeitsbereiche unterscheidet man?

    a) Kontrollbereich: Bereich mit höherer Strahlengefährdung (z.B. Röntgenraum).
    b) betrieblicher Überwachungsbereich: Bereich mit geringer Strahlenbelastung.

20. Dürfen folgende Personen röntgen?

a) eine 16-jährige Auszubildende	*darf (unter Aufsicht)*
b) eine schwangere 34-jährige Arzthelferin	*darf nicht*
c) eine 18-jährige Auszubildende	*darf (unter Aufsicht)*
d) eine 26-jährige Röntgenassistentin	*darf (ohne Aufsicht)*

21. Wie lange müssen Aufzeichnungen von Röntgen-Therapien aufbewahrt werden?

    Röntgen-Therapie (also Bestrahlung): 30 Jahre

Fragen zum Röntgen

22. Wie lange müssen Aufzeichnungen von Röntgen-Untersuchungen aufbewahrt werden?

    Röntgenbilder: 10 Jahre

23. Wie können sie sich vor Röntgenstrahlen schützen?

    - *Raum verlassen während der Röntgenaufnahme*
    - *Schutzkleidung (Bleischürzen, evtl. Bleihandschuhe)*
    - *niemals beim Festhalten die Hand oder Finger in den Strahlengang*
    - *möglichst großen Abstand von der Strahlungsquelle*

24. Welche Organe müssen besonders geschützt werden?

    Keimdrüsen (Gonaden: Eierstöcke, Hoden) müssen vor allen Dingen durch „Gonadenschutz" geschützt werden, um zu verhindern, dass das Erbgut geschädigt wird. Außerdem ist das rote Knochenmark zu schützen durch eine „Ganzkörper-Schürze" aus Blei. Daneben sollten auch immer ein Schilddrüsenschutz angelegt und Bleihandschuhe angezogen werden.

25. Wie bezeichnet man die „Anstecker", die das Röntgenpersonal am Kittel trägt?

    Dosimeter

26. Wofür sind sie?

    Sie messen die Strahlendosis, die auf die betreffende Person auftrifft.

27. Was wird damit gemacht?

    Dosimeter werden 1× im Monat eingeschickt und ausgewertet. Bei zu hoher Dosis erhält die Person eine Sperrfrist.

LF 9 Kreuzworträtsel Bewegungssystem

Arbeitsauftrag: **Setzen Sie die Fachbegriffe ein!**

1	BURSITIS
2	ARTHROSE
3	PANARITIUM
4	DISKOPATHIE
5	OSTITIS
6	SYNOVIA
7	FRAKTUR
8	SPONGIOSA
9	MYOSITIS
10	KONTUSION
11	PERIOSTITIS
12	ARTHRITIS
13	OSTEOMYELITIS
14	FISSUR

Lösungswort: TENDOVAGINITIS

1 Schleimbeutelentzündung
2 Gelenkabnutzung
3 eitrige Entzündung am Huf
4 Bandscheibenschaden
5 Knochenentzündung
6 Gelenkschmiere
7 Knochenbruch
8 Knochenbälkchen
9 Muskelentzündung
10 Prellung, Quetschung
11 Knochenhautentzündung
12 Gelenkentzündung
13 Knochenmarkentzündung
14 Knochenriss

LF 9 Kreuzworträtsel Skelett

Arbeitsauftrag: **Setzen Sie die Fachbegriffe ein!**

1	OS COXAE
2	THORAX
3	ATLAS
4	CLAVICULA
5	DORSUM
6	TRUNCUS
7	COSTAE
8	PELVIS
9	STERNUM
10	TARSUS
11	PECTUS
12	SCAPULAE
13	TIBIA
14	CARPUS
15	MANDIBULA
16	MAXILLA
17	AXIS
18	DIAPHYSE

Lösungswort: COLUMNA VERTEBRALIS

1 Hüftbein
2 Brustkorb
3 erster Halswirbel
4 Schlüsselbein
5 Rücken
6 Rumpf
7 Rippen
8 Becken
9 Brustbein
10 Fußwurzelknochen
11 Brust
12 Schulterblätter
13 Schienbein
14 Handwurzelknochen
15 Unterkiefer
16 Oberkiefer
17 zweiter Halswirbel
18 Knochenschaft

Termini Skelett

Arbeitsauftrag: Übersetzen Sie die folgenden Fachbegriffe!

Atlas	*erster Halswirbel*
Axis	*zweiter Halswirbel*
Caput	*Kopf*
Carpus	*Mittelhandknochen*
Clavicula	*Schlüsselbein*
Costa	*Rippe*
Cranium	*Schädel*
Diaphyse	*Knochenschaft*
Epiphyse	*Knochenende*
Femur	*Oberschenkelknochen*
Fibula	*Wadenbein*
Fraktur	*Knochenbruch*
Humerus	*Oberarmknochen*
Metatarsus	*Mittelfußknochen*
Os coxae	*Hüftbein*
Os ileum	*Darmbein*
Os pubis	*Schambein*
Os sacrum	*Kreuzbein*
Osteon	*Baueinheit des Knochens*
Patella	*Kniescheibe*
Pelvis	*Becken*
Phalanges	*Zehen*
Radius	*Speiche*
Scapula	*Schulterblatt*
Sternum	*Brustbein*
Thorax	*Brustkorb*
Tibia	*Schienbein*
Ulna	*Elle*
Vertebra	*Wirbel*

Anatomie des Herzens

LF 10

Arbeitsaufträge

1. **Beschriften Sie die Abbildung des Herzens mit deutschen Begriffen und Fachbegriffen!**
2. **Zeichnen Sie die Schichten des Herzens ein und benennen Sie diese!**

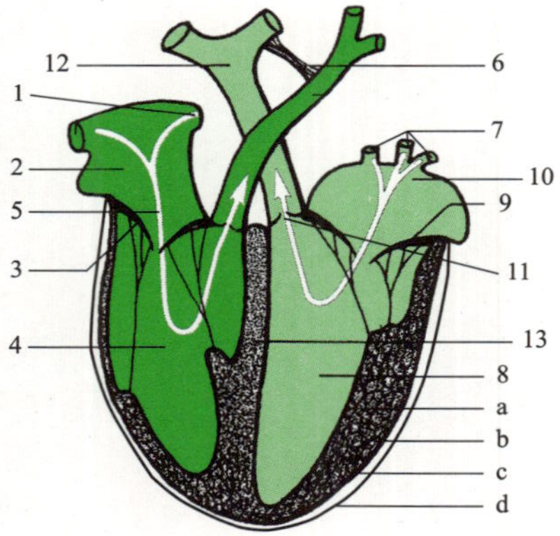

1 *obere Hohlvene = Vena cava superior*
2 *rechter Vorhof = Atrium dextrum*
3 *dreizipflige Segelklappe =Trikuspidalis*
4 *rechte Kammer = Ventriculus dexter*
5 *Pulmonaltaschenklappe*
6 *Lungenarterie = Arteria pulmonalis*
7 *Lungenvene = Vena pulmonalis*
8 *linker Vorhof = Atrium sinistrum*
9 *zweizipflige Segelklappe = Mitralis*
10 *linke Kammer = Ventriculus sinister*
11 *Aortentaschenklappe*
12 *Hauptschlagader = Aorta*
13 *Herzscheidewand = Septum*

a *Innenschicht = Endokard*
b *Muskelschicht = Myokard*
c *Außenschicht = Epikard*
d *Herzbeutel = Perikard*

Traumreise in das Erregungsleitungssystem des Herzens

LF 10

Arbeitsauftrag: Setzen Sie die Fachbegriffe ein!

Ungefähr 60- bis 80-mal pro Minute können Sie das „Schlagen" Ihres Herzens spüren. Eine riesige Menge Blut wird ständig im Herzen angesaugt und hinausbefördert. Jedes mal zieht sich der Herzmuskel (*Myocard*) rhythmisch zusammen und erschlafft wieder – ob Sie es wollen oder nicht. Das Herz schlägt. Die Energie dafür liefern „Spezialisten" in der Nähe der Einmündungsstelle der oberen Hohlvene (*Vena cava superior*) in den rechten Vorhof (*Atrium dextrum*). Diese Spezialisten sind Zellen, die „Strom" für die ständige Herzarbeit produzieren. Auf welchem Weg der Strom den Herzmuskel durchfließt, erfahren Sie jetzt:

Die Ansammlung der Spezialisten zur Stromerzeugung ist der Sinusknoten, eine Art Kraftwerk. Hier blitzt es heftig und rhythmisch. Dabei entstehen kleine Blitze (elektrische Impulse), die diesen Ort verlassen, um den gesamten Herzmuskel zu erreichen. Durch Störungen in diesem Kraftwerk können zu viele Blitze (*Tachykardie*) bzw. zu wenig (*Bradykardie*) entstehen.

Wir folgen einem dieser Blitze und erreichen am Boden des rechten Vorhofs in der Herzscheidewand (*Septum*) eine Raststätte, an der die Blitze kurz pausieren (AV-Knoten), um dann mit neuer Energie ihre Reise fortsetzen zu können. Sollte das Kraftwerk keine, oder nur unregelmäßig Blitze liefern (AV-Block), so ist die Raststätte in der Lage, eigene Blitze zu erzeugen und diese in größeren zeitlichen Abständen selbst auf den Weg zu bringen.

Normalerweise begibt sich ein Blitz, nachdem er sich kurz erholt hat, erneut auf den Weg. Dazu gelangt er in ein Kabel (*His-Bündel*). Nach wenigen Millimetern kommt der Blitz an eine Kreuzung, an der er sich entscheiden muss, den Weg nach rechts oder nach links fortzusetzen (*Tawara Schenkel*). Kurze Zeit später verzweigt sich das Kabel in viele kleiner werdende Äste (*Purkinje Fasern*), so dass sich der Blitz erneut entscheiden muss, welchen Weg er gehen möchte.

Nun erreicht der Blitz durch diese kleinen Kabeläste jede einzelne der sich zusammenziehenden Herzmuskelzellen, die den gesamten Herzmuskel rhythmisch zusammenziehen und erschlaffen lassen.

Das Elektrokardiogramm (*EKG*) zeichnet diesen energiegeladenen Weg des Blitzes vom Sinusknoten bis zu den Herzmuskelzellen 60- bis 80-mal pro Minute auf.

Dabei entsteht durch die Blitze eine typische Kurve mit Zacken und Wellen, die sich mit jedem Zusammenziehen und Erschlaffen des Herzmuskels gleichbleibend wiederholt.

Wiederholungsfragen Herz

LF 10

Arbeitsauftrag: Beantworten Sie die foglenden Fragen!

1. a) Was geschieht bei der Systole und Diastole mit der Kammermuskulatur?

   Systole: *Die Kammermuskulatur zieht sich zusammen (kontrahiert), es kommt zur Verkleinerung des Herzinnenraums und das Blut wird durch die Taschenklappen in die Arterien gepumpt (Arbeitsphase)*

   Diastole: *Die Kammermuskulatur erschlafft und das Blut gelangt aus den Vorhöfen in die Kammern (Erholungsphase)*

   b) Wann öffnen sich die Segelklappen?

   Die Segelklappen öffnen sich zu Beginn der Diastole, wenn der Druck in den Vorhöfen größer ist als in den Kammern

   c) Wann schließen sich die Segelklappen?

   Die Segelklappen schließen sich zu Beginn der Systole

   d) Wann öffnen sich die Taschenklappen?

   Die Taschenklappen öffnen sich zu Beginn der Systole

   e) Wann schließen sich die Taschenklappen?

   Die Taschenklappen schließen sich am Ende der Systole

2. Wie entstehen der erste und zweite Herzton?

   erster Herzton: *durch Zusammenziehen der Muskulatur um die eingeschlossene Blutmenge*

   zweiter Herzton: *durch das Schließen der Taschenklappen*

3. Was versteht man unter Schlagvolumen?

   Das Schlagvolumen ist die Blutmenge, die bei einer Systole ausgeworfen wird

4. Wo befinden sich die:

   a) Trikuspidalklappe („Trikuspidalis“)? *Zwischen rechtem Vorhof und rechter Kammer*

   b) Mitralklappe („Mitralis“)? *Zwischen linkem Vorhof und linker Kammer*

5. Welche Aufgaben haben die Klappen des Herzens?

   Klappen verhindern den Rückfluss des Blutes

6. In welcher Arterie ist das Blut sauerstoffarm?

   In der Lungenarterie ist das Blut sauerstoffarm

7. In welchen Venen ist das Blut sauerstoffreich?

   In den Lungenvenen ist das Blut sauerstoffreich

8. Wie bezeichnet man Gefäße die:

   a) vom Herzen wegführen? *Arterien*

   b) zum Herzen hinführen? *Venen*

9. Der Durchfluss des Blutes auf jeder Herzseite (ohne Klappen) ist gleich, nämlich:

   Vene → *Vorhof* → *Kammer* → *Arterie*

10. Welchen Bestandteil des Reizleitungssystems bezeichnet man als den natürlichen Herzschrittmacher?

    Den Sinusknoten bezeichnet man als natürlichen Herzschrittmacher

11. Welche Bestandteile des Reizleitungssystems lösen die Kontraktionen der Herzmuskulatur aus?

    Die Purkinje-Fasern lösen die Kontraktionen aus

12. Welchen Bestandteil des Reizleitungssystems unterstützt ein künstlicher Herzschrittmacher?

    Er unterstützt den Sinusknoten

12. Was bedeutet die Aussage: „Die Herzmuskulatur arbeitet autonom“?

    Das Herz arbeitet selbsttätig, der Reiz kommt vom Sinusknoten

13. Mit welchen Geräten kann man die Herzarbeit aufzeichnen?

    Mit einem Elektrokardiographen oder Echokardiogramm

14. Welche Untersuchungsmethoden geben Aufschluss über die Herztätigkeit?

    Sonographie, Auskultation, EKG, Röntgen, Pulsmessen,

Gefäßaufbau: Venen und Arterien

LF 10

Arbeitsauftrag: **1. Beschriften Sie die Abbildung!**

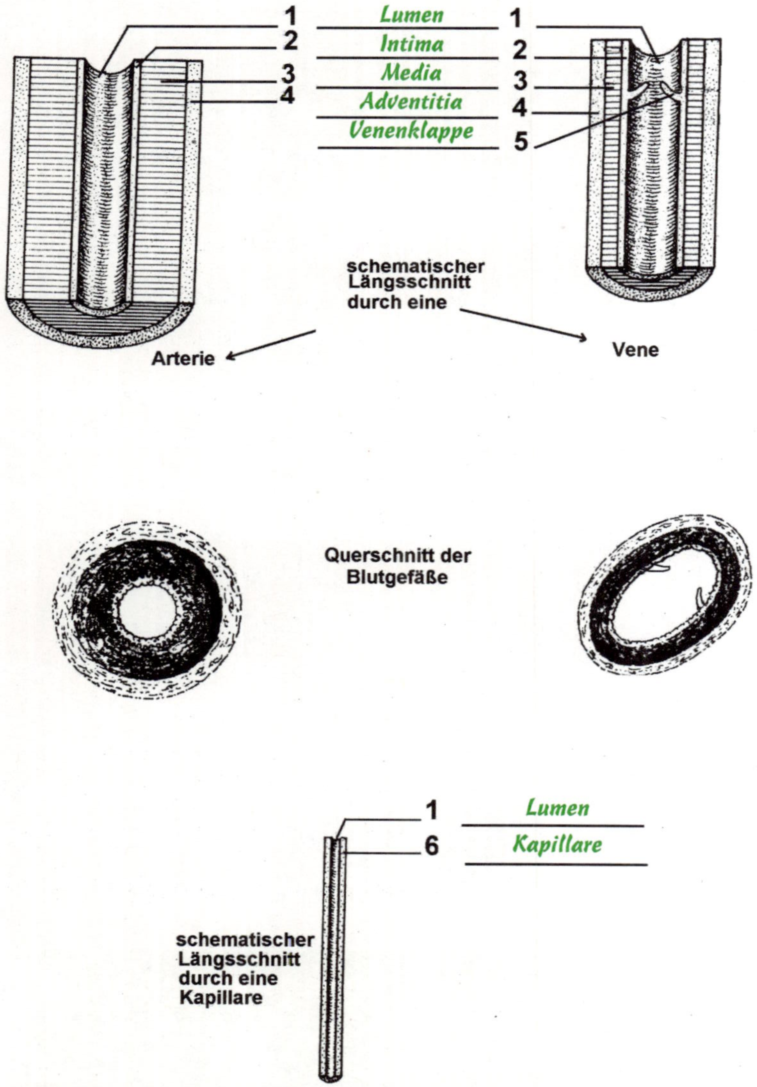

Arbeitsaufträge

2. Erarbeiten Sie die Gemeinsamkeiten und Unterschiede der Gefäßaufbauten!

Gemeinsamkeiten:

- *dreischichtiger Wandaufbau;*
- *zusammengehörende Venen und Arterien verlaufen meist mit Lymphgefäßen in einem Bündel, welches von Bindegewebe umhüllt ist;*

Unterschiede:

- *die Media der Venen hat ein lockereres Geflecht aus Bindegewebe und Muskelzellen als die der Arterien;*
- *Venen besitzen Klappen im Gegensatz zu Arterien;*
- *Arterien müssen einen stärkeren Druck aushalten als Venen.*

3. Welche Funktion erfüllen die Venenklappen?

Venenklappen verhindern vor allem in den unteren Extremitäten den Rückfluss des Blutes

LF 10 Kreuzworträtsel Herz

Arbeitsauftrag: Setzen Sie die Fachbegriffe ein!

1 VENA
2 PERICARD
3 ADVENTITIA
4 VENTRIKEL
5 EPICARD
6 MEDIA
7 COR
8 TRIKUSPIDALIS
9 MYOCARDINFARKT
10 PULMO
11 ENDOCARD
12 ARTERIA
13 MYOCARD
14 SINISTER
15 KARDIOLOGE

Lösungswort: ARTERIOSKLEROSE

1 Vene
2 Herzbeutel
3 äußere Gefäßschicht
4 Kammer
5 äußere Herzschicht
6 mittlere Gefäßschicht
7 Herz
8 dreizipflige Segelklappe
9 Herzinfarkt
10 Lunge
11 Herzinnenschicht
12 Arterie
13 Herzmuskelschicht
14 links
15 Facharzt für Herzkrankheiten

1 SEPTUM
2 INTIMA
3 DEXTER
4 PULMO
5 COR
6 ARTERIA
7 ATRIUM
8 BIKUSPIDALIS

Lösungswort: ENDOCARD

1 Herzscheidewand
2 Gefäßinnenschicht
3 rechts
4 Lunge
5 Herz
6 Arterie
7 Vorhof
8 zweizipflige Segelklappe

LF 10 Termini Herz

Arbeitsauftrag: Geben Sie die deutschen Begriffe an!

Arterien	*vom Herzen wegführende Blutgefäße*
Atrium dextrum	*rechter Herzvorhof*
Bikuspidalis	*zweizipflige Segelklappe*
Coronargefäße	*Herzkranzgefäße*
Diastole	*Erschlaffung, Erholungsphase des Herzens*
EKG	*Herzkranzgefäße*
Endocard	*Herzinnenschicht*
Epicard	*Herzaußenschicht*
Erythrozyten	*Erschlaffung, Erholungsphase des Herzens*
Hämatom	*Herzinnenschicht*
Hämoglobin	*roter Blutfarbstoff*
Hämopoese	*Blutbildung*
Hämostase	*Blutstillung*
Hauptschlagader	*Herzaußenschicht*
Herzinsuffizienz	*Blutbildung*
Lungenvene	*Herzscheidewand*
Mitralis	*zweizipflige Segelklappe*
Myocarditis	*Herzmuskelentzündung*
Obere Hohlvene	*Verengung*
Pericard	*Herzbeutel*
Pulmonalarterie	*Lungenarterie*
Septum	*Herzscheidewand*
Stenose	*Verengung*
Systole	*Kontraktion, Arbeitsphase des Herzens*
Trikuspidalis	*dreizipflige Segelklappe*
Venen	*zum Herzen hin führende Gefäße*
Ventriculus sinister	*linke Herzkammer*

Atmung

LF 10

Arbeitsauftrag: Bearbeiten Sie die folgenden Aufgaben!

1. Beschriften Sie die Abbildung a) der Katze!

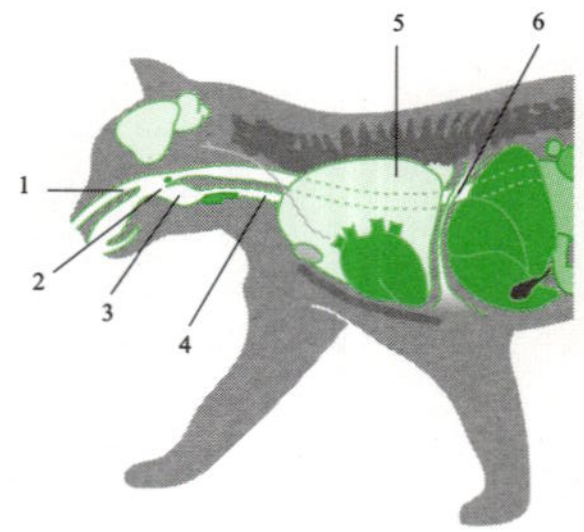

1	*Nasenhöhle*	*Cavum nasi*
2	*Kehldeckel*	*Epiglottis*
3	*Kehlkopf*	*Larynx*
4	*Luftröhre*	*Trachea*
5	*Lunge*	*Pulmo*
6	*Zwerchfell*	*Diaphragma*

b) der Lunge des Pferdes!

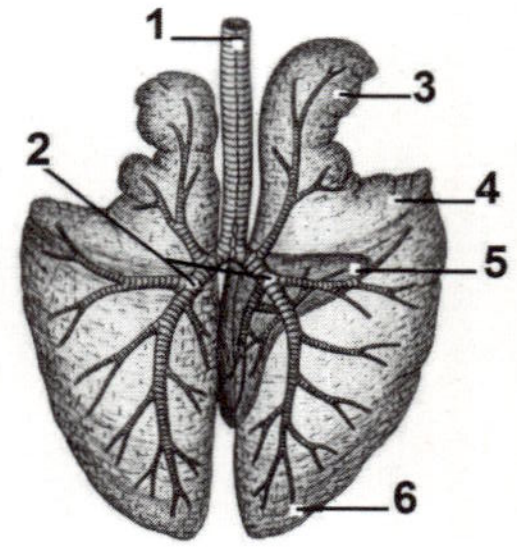

1	*Luftröhre*	
2	*Hauptluftröhrenast*	*Bronchus*
3	*Spitzenlappen*	
4	*Mittellappen*	
5	*Anhangslappen*	
6	*Zwerchfelllappen*	

2. a) Welche Aufgabe hat das Epithel der Atemwege?

   Reinigen, transportieren, anfeuchten

   b) Wie kann es diese Aufgabe erfüllen?

   Reinigen und transportieren durch die Flimmerhärchen; anfeuchten durch Schleim bildende Drüsen

3. Die Atemluft wird auf ihrem Weg zur Lunge in der Nase sinnvoll vorbereitet. Erläutern Sie bitte mit Hilfe eines Fachbuches die Aufgaben der Nase!

   Die Atemluft wird in der Nase angewärmt durch die gute Durchblutung der Nasenschleimhaut; gereinigt durch die Flimmerhärchen, angefeuchtet durch die Nasenschleimhautdrüsen

4. Aus welchen Anteilen setzt sich das Brustfell zusammen?

   Es setzt sich zusammen aus dem Rippenfell und Lungenfell

5. Kreuzen Sie die richtigen Aussagen an!

- [x] Bei der Inspiration gelangt Sauerstoff in die Lungenalveolen.
- [ ] Die innere Atmung findet in der Lunge statt.
- [x] Kohlendioxyd gelangt aus dem Blutkapillaren in die Alveolen.
- [ ] Bei der Exspiration gelangt Sauerstoff in das Gewebe.
- [x] Das Zwerchfell ist der Hauptatemmuskel.
- [ ] Die Interkostalmuskeln findet man im Rachen.
- [x] Die äußere Atmung findet zwischen Lungenalveolen und Blut statt.
- [x] Die Eustachische Röhre dient dem Druckausgleich

6. Was versteht man unter einem Pneumothorax?

   Luft dringt (z.B. durch Verletzung) in den Pleuralspalt und die Lunge fällt zusammen

7. Wodurch wird ein Verschlucken der Speisen in die Luftröhre beim so genannten Schluckakt verhindert?

   Der Kehldeckel legt sich beim Schlucken über den Eingang der Luftröhre und verschließt sie

8. Warum ist der linke Lungenflügel kleiner als der rechte?

   Bedingt durch die linksseitige Lage des Herzens

9. Wo finden die a) äußere und b) die innere Atmung statt?

   a) die äußere Atmung findet in der Lunge statt, b) die innere in Zellen und Gewebe

10. Welche Besonderheit weisen Pferde hinsichtlich der Lungenlappen auf?

    Bei Pferden fehlt der mittlere Lungenlappen

11. Welche Aufgabe haben die Luftsäcke der Vögel?

    Regulation der Körpertemperatur, Gleichgewichtsregulation beim Fliegen, Körpervergrößerung für den Flug (Abnahme des spezifischen Gewichts), Polsterung des Körpers, Beteiligung an der Stimmbildung

12. Welche Unterschiede bestehen zwischen dem Lungengewebe von Vögeln und Säugetieren?

    Vögel haben keine Alveolen wie Säugetiere, sondern feinste untereinander verbundene Bronchiolen.

13. Welcher Bestandteil des Atmungssystems fehlt bei Vögeln?

    Vögel besitzen keinen Kehldeckel

14. Woran kann man erkennen, ob ein Atemstillstand eingetreten ist?

Durch Heben und Senken des Brustkorbs; durch das Hören von Atemgeräuschen und durch das Fühlen des Luftstroms vor der Schnauze an feuchtem Handrücken.

15. Folgen Sie dem Weg eines roten Blutkörperchens und tragen Sie die Stationen in den Text ein!

Stellen Sie sich vor, dass Sie als ein winziges Sauerstoffmolekül in der Luft durch zwei ovale Torbögen in einen menschlichen oder tierischen Organismus gelangen und in einer langen Höhle landen.

1. Es handelt sich um die *Nasenhöhle*.
Dort erblicken Sie ein Gebilde, welches wie ein Urwald mit lauter Staub beladenen Bäumen aussieht. Auf der einen Seite sehen Sie sich eine steile Wand. Sie gelangen durch ein weiteres Tor am hinteren Ende in einen roter Schlauch mit weichen Wänden senkrecht nach unten.

2. Dieser Schlauch ist der *Rachen*.
Sie kommen an einem weiteren Torbogen vorbei und sehen in eine weitere Höhle. Sie ist ausgefüllt mit einem roten beweglichen Teppich, der von 32 weißen Felsblöcken umgeben ist. Sie biegen nach unten in einen neuen Weg mit festen Wänden ab. Der Eingang wird durch einen länglichen Deckel verschlossen, der sich manchmal hebt und sich wieder senkt. Vor Ihnen befinden weiche vibrierende Falten und die Luft beginnt zu schwingen.

3. Sie befinden sich im *Kehlkopf*.
Sie gelangen durch die Falten hindurch in eine runde Röhre mit stabilen Seitenwänden, die mit beweglichen Fäden überzogen sind,

4. Diese Röhre ist die *Luftröhre*.
Irgendwann zweigt sich die Röhre in zwei Äste auf und Sie fliegen nach links. Sie kommen an weiteren Abzweigungen und Verästelungen vorbei und es wird immer enger.

5. Die Verästelungen sind die *Luftröhrenäste, Bronchien*.
Plötzlich befinden Sie sich in einem schmalen, Gang, von dem einige Räume abgehen, die wie kleine Luftballons aussehen. Sie werden größer wenn Luft hineinströmt und es ist darin warm und feucht.

6. Die Luftballons sind die *Lungenbläschen, Alveolen*.
Die Wände der Ballons sind sehr dünn und dahinter schimmert es rötlich. Sie zwängen sich durch die Wand hindurch und tauchen in eine warme, rote Flüssigkeit.

7. Die Flüssigkeit ist *Blut*.
Sie fließt in einem schmalen Bach, und Sie fließen langsam mit. Der Bach ist salzig, enthält aber auch süße Zuckermoleküle. Sie entdecken viele rote, runde Scheiben.

8. Bei diesen Scheiben handelt es sich um *rote Blutkörperchen, Erythrozyten*.
Auch ihre Hülle ist sehr dünn. Sie gelangen ins Innere der Scheibe und sehen viele dunkelrote Kugeln an deren Ecken es metallisch glänzt. Sie werden wie ein Magnet angezogen und sind locker mit ihm verbunden.

9. Der Magnet ist *Eisen*.
Alle Sauerstoffmoleküle, die mit Ihnen eingedrungen sind verbinden sich mit den Metallen. Dabei färbt sich der ganze Bach hellrot und fließt langsam weiter.

10. Der Bach ist eines der kleinsten Gefäße im Körper, eine *Kapillare*.
Zusammen mit anderen Bächen fließt er in einen größeren hellroten Fluss. Dieser Fluss mündet mit weiteren Flüssen in einen breiteren Strom.

11. Dieser Strom ist *Lungenvene*.
Schließlich ergießt sich der Strom in ein Staubecken. Von links und rechts fließen drei weitere Ströme hinein. Bald ist das Staubecken bis oben voll.

12. Das Staubecken ist der *linke Vorhof*.
Sie tauchen auf den Boden des rötlichen Beckens und vor Ihnen schimmern zwei weiße, halbkreisförmige Segel. Sie bilden eine geschlossene kreisrunde Fläche. Sie ruhen sich auf einem Segel kurz aus und plötzlich spüren Sie ein Beben unter sich und die beiden Segel klappen nach unten weg.

13. Die zwei Segel bilden zusammen die *zweizipflige Segelklappe, Bikuspidalis, Mitralis*.
Sie landen zwischen den Segeln hindurch in einem größeren Raum mit dicken, roten Wänden, an denen kräftige Säulen emporragen. Zwischen ihnen sind tiefe Nischen. Es sieht aus wie in einer Kathedrale. Sie sehen, dass die Öffnung zwischen den beiden Segeln über Ihnen noch nicht geschlossen ist.

14. Der Raum mit den dicken Wänden ist die *linke Herzkammer*.
Sie erschrecken, weil sich die Wände des Raums nach innen auf Sie zu bewegen und der Platz sehr eng wird. Sie werden mit der Flüssigkeit nach oben gegen die beiden Segel gedrückt, die jetzt wieder hochklappen und die Öffnung verschließen. Es wird enger und enger, der Druck wird immer stärker. Sie entdecken neben den beiden Segeln in der Ecke einen Ausgang, der aus drei weißen, dreieckigen Klappen gebildet wird. Sie werden mit der Flüssigkeit gegen die Klappen gepresst und durch den Druck werden die Klappen nach oben aufgestoßen, und Sie werden mit einem Schwall Flüssigkeit durch die Öffnung geschleudert.

15. Die drei Klappen bilden zusammen die *Aortentaschenklappe*.
Hinter Ihnen schießen sich die Klappen wieder. Sie gelangen mit großem Tempo durch ein großes dickwandiges Rohr. Nach kurzer Strecke sehen Sie in einem Bogen drei Nebenröhren, die nach oben abgehen, aber Sie bleiben im Hauptrohr und rasen weiter nach unten.

16. Das Hauptrohr ist die *Hauptschlagader, Aorta*.
Etwa einmal in der Sekunde wird der Flüssigkeitsstrom von hinten ruckartig angeschoben. Irgendwann gabelt sich das Hauptrohr. Weitere Abzweigungen tauchen auf und Sie biegen in eine, der vielen Nebenröhren ab, in denen der Druck und die Strömungsgeschwindigkeit hoch sind.

17. Diese Röhren sind die *Arterien*.
Nach und nach lässt der Druck nach und Sie fließen wieder langsam in einem hellroten Bach, der mit vielen anderen Bächen eine weite Seenlandschaft bewässert.

18. Dieser Bach ist eine *Arteriole, Kapillare*.
In der Nähe einer von zahlreichen Inseln lösen Sie sich von dem Magneten, der Sie bis jetzt mitgezogen hat und Sie pressen sich durch die Hülle der Scheibe und verlassen zusammen mit vielen anderen Sauerstoffmolekülen den hellroten Bach, der jetzt dunkelrot wird. Nun schwimmen Sie im klaren warmen Salzwasser zwischen den Inseln von denen jede von einer dünnen Hülle umgeben ist.

19. Die Insel ist eine *Zelle*.
Sie durchstoßen die Hülle und die süßen Zuckermoleküle, die mit Ihnen im Bach trieben, gelangen ins Innere der Insel in ein Labyrinth aus Gängen und Hohlräumen. Sie folgen den Zuckermolekülen zu ovalen Gebilden und schlüpfen in eines hinein. Sie sehen, wie der Zucker gespalten wird und Kohlendioxidmoleküle entstehen, Dabei wird es ziemlich warm. Sie selbst verwandeln sich dabei in ein Wassermolekül.

20. Diese Kraftwerke der Inseln sind *Mitochondrien*.
Nun geht es auf die Rückreise. Sie folgen dem Kohlenstoffdioxid aus der Insel hinaus bis in den dunkelroten Bach, der irgendwann in einen dunkelroten Fluss mündet.

21. Der dunkelrote Fluss ist eine *Vene*.
Er mündet in den unteren breiten Hauptstrom des Körpers, in dem die Flüssigkeit nur langsam fließt und ein niedriger Druck herrscht; Sie fließen jetzt senkrecht nach oben.

22. Der untere Hauptstrom ist die *untere Hohlvene*.
Mit ihm gelangen Sie in ein neues Staubecken, in das von oben ein weiterer Strom mündet.

23. Bei diesem Becken handelt es sich um den *rechten Vorhof*.
Am Boden des Beckens erkennen Sie wieder weiße Segel die eine Öffnung verschließen. Diesmal sind es drei Segel.

24. Die drei Segel bilden zusammen die *dreizipflige Segelklappe, Trikuspidalis*.
Wieder gelangen Sie durch die Segel hindurch in einen roten Raum. Allerdings hat er dünnere Wände und schlankere Säulen, als der Raum, in dem Sie auf der Hinreise waren:

25. Dieser Raum ist die *rechte Herzkammer*.
Auch hier bewegen sich die Wände des Raumes plötzlich auf Sie zu. Der Raum wird kleiner, der Druck höher, die Segel verschließen die Öffnung, durch die Sie gekommen sind. Stattdessen öffnen sich neben Ihnen drei dreieckige Klappen. Durch sie verlassen Sie den Raum nach oben.

26. Die drei Klappen bilden zusammen die *Pulmonaltaschenklappe*.
Jetzt befinden Sie sich wieder in einem großen Rohr, das sich bald in zwei kleinere Röhren aufteilt. Sie gehen nach links und rechts ab.

27. Die beiden Röhren sind die linke und die rechte *Lungenarterie*.
Sie fließen nach rechts. Bald tauchen wieder Abzweigungen auf, aus Flüssen werden Bäche. Schließlich sind Sie wieder in einem Bach, der über die Oberfläche eines der kleinen elastischen Luftballons fließt.

28. Jetzt sind Sie wieder in der *Lungenkapillare*.
Als Wassermolekül, in das Sie verwandelt sind, gelangen Sie zusammen mit Kohlendioxid aus dem Bach hinaus in einen der Ballons und beim nächsten Ausatmen aus dem Körper.

LF 10 Atmung/Einatmung/Ausatmung

Arbeitsauftrag: Ergänzen Sie die Begriffe zu ganzen Sätzen!

Funktionsweise der Inspiration:

Die Zwischenrippenmuskulatur *kontrahiert.*

Das Zwerchfell *senkt sich.*

Der Brustkorb *hebt sich.*

Die Pleurablätter *folgen der Hebung des Brustkorbs.*

Die Lunge *vergrößert sich.*

Die Luft *strömt in die Alveolen.*

Funktionsweise der Exspiration:

Die Zwischenrippenmuskulatur *erschlafft.*

Das Zwerchfell *hebt sich.*

Der Brustkorb *senkt sich.*

Die Pleurablätter *senken sich mit dem Brustkorb.*

Die Lunge *verkleinert sich.*

Die Luft *wird ausgeatmet.*

Arbeitsauftrag: Kreuzen Sie an! Welche Aussagen sind richtig?

a) Das Zwerchfell
- ☐ hebt sich bei der Einatmung
- ☐ senkt sich bei der Ausatmung
- ☒ senkt sich bei der Einatmung
- ☒ hebt sich bei der Ausatmung

b)
- ☐ die Hauptatemmuskulatur ist die Interkostalmuskulatur
- ☒ der Hauptatemmuskel ist das Zwerchfell
- ☒ das Brustfell besteht aus Rippenfell und Lungenfell
- ☐ das Brustfell besteht aus Rippenfell und Zwerchfell

c)
- ☐ bei einem Pneumothorax dringt Luft in den Zwerchfellspalt
- ☒ bei einem Pneumothorax gelangt Luft zwischen Rippenfell und Lungenfell
- ☐ eine Lungenentzündung bezeichnet man als Pulmonitis
- ☒ der Fachbegriff für eine Lungenentzündung ist Pneumonie

LF 10 Gasaustausch

Arbeitsauftrag: Setzen Sie die fehlenden Begriffe sinnvoll ein!

Man unterscheidet die äußere und die innere Atmung. Der Gasaustausch der *äußeren* Atmung findet in den *Lungenalveolen* zwischen Einatmungsluft und Blut statt.
Der Gasaustausch der *inneren* Atmung vollzieht sich zwischen Blut und den Körpergeweben.
Bei der Einatmung (=*Inspiration*) gelangt sauerstoffreiche (21%) und kohlendioxidarme (0,03%) Luft in die Alveolen.
Aus dem Alveolarraum dringt der Sauerstoff in die *Kapillaren* und wird über die *Lungenvenen* zur linken Herzhälfte transportiert. Von dort wird es über Aorta, Arterien und Kapillaren an *Zellen* und *Gewebe* abgegeben.
Aus dem Körper wird das *sauerstoffarme* und *kohlendioxidreiche* Blut durch das Kapillargeflecht der Alveolen auf eine große Oberfläche verteilt. Durch die dünne, gasdurchlässige Alveolenwand dringt das Kohlendioxid in den Alveolarraum und wird bei der Ausatmung (= *Exspiration*) nach außen abgegeben.

LF 10 Atmung

Arbeitsauftrag: Füllen Sie die folgenden Lücken mit den vorgegebenen Begriffe sinnvoll auf!

Speiseröhre – strafft – Bronchienäste – Lungenfell – Atemluft – Atmungsorgan – strömt aus – Luftröhre – Rippenmuskeln – Lungenflügeln – Zwerchfell – reibungslos – ausdehnen – Verzweigungen – Lungenflügel – nicht beteiligt – Brusthöhle – zusammengepresst – Durchmesser – Ausatmen – Zwerchfell

Die Lunge ist das *Atmungsorgan* bei Menschen und Tieren. Sie besteht aus zwei Teilen, dem linken und dem rechten *Lungenflügel*. Sie unterscheidet sich anatomisch bei den verschiedenen Tierarten. Zusammen mit dem Herzen, das zwischen den beiden *Lungenflügeln* liegt, füllt die Lunge die *Brusthöhle* aus. Nach unten hin ist die Brusthöhle durch das *Zwerchfell* von der Bauchhöhle getrennt. Das Zwerchfell hat keinen Durchlass für die *Speiseröhre*, die ebenfalls zwischen den beiden Lungenflügeln verläuft. Außen ist die Lunge von einer glatten, feuchten Haut, dem *Lungenfell* überzogen, das bei den Atembewegungen *reibungslos* am Rippenfell entlang gleiten kann. Die *Luftröhre* ist ein Schlauch und durch Knorpelspangen versteift. Er hat bei verschiedenen Tierarten einen unterschiedlich großen Durchmesser. Er gabelt sich in die beiden *Bronchienäste*. Diese wiederum verzweigen sich immer weiter in feine Verästelungen, die schließlich nur noch einen *Durchmesser* von 0,5 mm haben. Durch diese *Verzweigungen* verteilt sich die *Atemluft* in der ganzen Lunge. An den eigentlichen Atembewegungen ist die Lunge selbst *nicht beteiligt*. Sie wird vielmehr erweitert, wenn die *Rippenmuskeln* den Brustkorb *ausdehnen* und wenn sich das Zwerchfell nach unten hin *strafft*. Dann strömt die Luft ein. Beim *Ausatmen* wölbt sich das *Zwerchfell* nach oben und die Rippenmuskeln verkleinern den Brustkorb wieder. Dabei wird die Lunge *zusammengepresst* und die Atemluft *strömt aus* .

Kreuzworträtsel Atmung

LF 10

Arbeitsauftrag: Setzen Sie die Fachbegriffe ein!

1	RHINITIS
2	PNEUMOTHORAX
3	MEDIASTINUM
4	EPIGLOTTIS
5	PHARYNX
6	BRONCHITIS
7	PNEUMONIE
8	LARYNGITIS
9	RESPIRATION
10	INSPIRATION
11	PLEURA
12	LUNGENEMPYEM
13	DIFFUSION
14	EXSPIRATION
15	KATARRH
16	LUNGENHILUS
17	ALVEOLEN
18	TONSILLEN

Lösungswort (senkrecht): INTERCOSTALMUSKELN

1 Nasenschleimhautentzündung
2 Luft dringt in Pleuraspalt
3 Mittelfellraum
4 Kehldeckel
5 Rachen
6 Luftröhrenentzündung
7 Lungenentzündung
8 Kehlkopfentzündung
9 Atmung
10 Einatmung
11 Brustfell
12 Eiteransammlung in der Lunge
13 Konzentrationsausgleich
14 Ausatmung
15 Entzündung an Schleimhäuten
16 Lungenwurzel
17 Lungenbläschen
18 Mandeln

Termini Atmung

LF 10

Arbeitsauftrag: Geben Sie die deutschen Begriffe an!

Alveolen	*Lungenbläschen*
Bronchienäste	*Luftröhrenäste*
Bronchitis	*Entzündung der Luftröhrenäste*
Diaphragma	*Zwerchfell*
Diffusion	*Konzentrationsausgleich von höherer zu niedriger Konzentration*
Epiglottis	*Kehldeckel*
Exspiration	*Ausatmung*
Inspiration	*Einatmung*
Interkostalmuskeln	*Zwischenrippenmuskeln*
Laryngitis	*Kehlkopfentzündung*
Larynx	*Kehlkopf*
Lungenempyem	*Eiteransammlung in der Lunge*
Lungenhilus	*Lungenwurzel*
Mediastinum	*Mittelfellraum*
Pharyngitis	*Rachenentzündung*
Pharynx	*Rachen*
Pleura	*Brustfell*
Pneumonie	*Lungenentzündung*
Pneumothorax	*Luft im Pleuraspalt; lunge fällt zusammen*
Pulmo	*Lunge*
Respiration	*Entzündung der Nasenschleimhaut; „Schnupfen“*
Rhinitis	*Atmung*
Thorax	*Brustkorb*
Tonsillen	*Mandeln*
Trachea	*Luftröhre*

Intubation

Arbeitsauftrag

Beantworten Sie mit Hilfe des Textes zur Intubation die folgenden Fragen!

1. Was wird durch eine Intubation gewährleistet?

   Sicherung und Kontrolle der Atemwege, Atemkontrolle, ausreichende Beatmung, Gaumensegel, Zunge und vorfallendes Gewebe können Lumen nicht einengen

2. Aus welchen Materialien werden die unterschiedlichen Endotrachealtuben hergestellt?

   Gummi, PVC, Silikon

3. Nennen Sie die Vor- bzw. Nachteile der unterschiedlichen Materialien!

   Gummi wird spröde, und Blut und Sekrete haften an rauer Oberfläche an, schlecht zu reinigen, knicken leicht, schlechte Anpassung an Körperform; PVC: gute Anpassung an Form der Atemwege, gute Kontrolle der Sauberkeit, da durchsichtig; Silikon ist weich, fast durchsichtig und knickt nicht ab

4. Welches Maß ist bei der Größenauswahl des Tubus ausschlaggebend?

   Innendurchmesser (mm) ist wichtig

5. Welche Aufgabe hat der Kontrollballon?

   Kontrolle des Manschettendrucks

6. Welche Aufgabe hat die Blockmanschette?

   Verhindert Verrutschen des Tubus in der Trachea

7. Welche Bezeichnung verwendet man noch für die Blockmanschette?

   Man bezeichnet sie als „Cuff"

8. Was versteht man unter dem „Murphy-Eye"?

   Zusätzliche Öffnung am distalen Tubusende, die gewährleistet, dass der Tubus offen bleibt, auch wenn die untere Öffnung des Tubus durch Anliegen an der Trachealwand teilweise verschlossen ist

9. Nennen Sie die Hilfsmittel, die für eine Intubation benötigt werden!

   Endotrachealtubus, Spritze, Maulspreizer, Laryngoskop, Mullbinde, Zungenfasszange, Kompresse, Lidocain® (Katze), Arterienklemme, Ambubeutel

10. Was wird bei der Intubation der Katze zusätzlich benötigt?

    Man benötigt Lidocain®-Spray

11. Wo wird der Maulspreizer befestigt?

    An den Canini

12. Warum sollte man nach der Intubation den Maulspreizer beim Hund gegen ein Beißholz austauschen?

    Um die Kaumuskulatur zu entlasten

13. Welche Lagerungsmöglichkeiten gibt es bei der Intubation?

    Brust-Bauch-Lage, Rückenlage, Seitenlage

14. Worauf muss die/der TFA bei der Brust-Bauch-Lage achten?

    Kopf muss überstreckt sein und es darf kein Druck auf den Kehlkopf ausgeübt werden

15. Welche Aufgabe hat das Laryngoskop?

    Es stellt die Stimmritze dar und ermöglicht das Intubieren unter Sichtkontrolle

16. Wie und wo wird der Tubus befestigt?

    Mit einer Mullbinde, die um den Tubus geschlungen wird, dann unter dem Kinn durchgeführt und auf der Nase mit einem Knoten befestigt wird

17. Wann ist der richtige Zeitpunkt zum Extubieren?

    Wenn der Schluckreflex einsetzt

Narkose und Instrumente

Arbeitsauftrag: Bearbeiten Sie mit Hilfe des Lehrbuches die folgenden Aufgaben!

1. Nennen Sie bitte die Narkosestadien mit Fachbegriffen!

   I. Analgetisches Stadium = Dämpfung der Schmerzempfindung

   II. Exzitationsstadium = Erregungsstadium

   III. Toleranzstadium = Stadium für chirurgischen Eingriff

   IV. Asphyxiestadium = Atemstillstand (Tier atmet nicht selbstständig)

2. In welchem Stadium:
   - erfolgt der operative Eingriff? *im Toleranzstadium*
   - ist die Atmung regelmäßig, verlangsamt und tief? *im Stadium III*
   - führt das Tier Abwehrbewegungen aus? *im Stadium II*
   - ist der Muskeltonus noch erhalten? *im Stadium I*
   - sind die Pupillen maximal erweitert? *im Stadium IV*
   - ist der Puls kaum noch fühlbar? *im Stadium IV*

3. Welche Reflexe werden zur Überwachung der Narkose geprüft?

   Lidreflex, Kornealreflex (nicht beim Hund), Ohrreflex, evtl. Schluckreflex, Analreflex, Zehenreflex

4. Nennen Sie bitte die Merkmale einer Narkose!

   Ausschaltung des Bewusstseins, Schmerz-, Temperatur- und Berührungsempfindens, Muskelerschlaffung

Narkosestadien nach Guedel

Stadium	Atmung	Puls	Auge	Pupillen	Muskeltonus
Stadium I	*Atemzüge vertieft*	*Kräftig, in rascher Folge*	*Willkürliche Augenbewegungen*	*Erweitert*	*Erhalten*
Stadium II	*Unregelmäßig: Teils tiefe, teils oberflächliche Atemzüge*	*Leicht unregelmäßig, sonst wie in Stadium I*	*Evtl. Augenzittern*	*Erweitert*	*Erhöht: Abwehrbewegung, unregelmäßige Lauf- und Ruderbewegungen*
Stadium III	*Regelmäßige, verlangsamte, tiefe Atmung*	*Regelmäßig und kräftig*	*Nickhautvorfall, Drehen des Bulbus nach unten*	*Verengte Pupillen, die sich langsam wieder weiten*	*Allmähliche Erschlaffung*
Stadium IV	*Atemstillstand*	*Kaum noch fühlbar*	*Bulbus wieder zentral*	*Maximale Erweiterung der Pupillen durch völlige Lähmung der Nerven.*	*Muskelrelaxation*

5. Was versteht man unter einer:

   a) steuerbaren Narkose?

   Flutet sofort ab, wenn das Narkosemittel nicht mehr gegeben wird. (Narkosetiefe ist abhängig von der Menge des Narkosemittels)

   b) nicht steuerbaren Narkose?

   Bei injizierten Narkotika flutet die Narkose entsprechend der Art des Mittels an, erreicht die Narkosetiefe, wird verstoffwechselt und flacht wieder ab.

6. Welche Untersuchungen führen Sie im Rahmen der Narkosefähigkeitsuntersuchung durch?

Fiebermessen, EGK, Berechnung und Verabreichung der Narkosemittels durch Anleitung des Tierarztes/der Tierärztin

7. Muss der Patient für eine OP nüchtern sein?

Ja, darf aber trinken bis 12 Stunden vorher

8. Wie bereiten Sie den Patienten nach Verabreichung des Narkosemittels für die OP vor?

Waschen (Hautreinigung, abtrocknen, entfetten des OP-Feldes, scheren, desinfizieren, Lagerung des Patienten auf dem OP-Tisch (ausbinden), Verabreichung von Augentropfen, Abdecken des OP-Feldes, Überwachung der Narkose

9. Welche Art der Händedesinfektion führen Sie vor einer OP durch?

Die chirurgische Händedesinfektion

10. Nennen Sie bitte die Tätigkeiten der TFA bei einer OP!

Vor der OP: Narkosegerät überprüfen (Sauerstoffzufuhr, Druckverhältnis, Funktion der Ventile, Narkotikumvorrat), Tisch muss sauber und keimfrei gemacht werden, Händedesinfektion (chirurgische), Bereitlegen der benötigten Instrumente und Geräte, Hilfeleistung beim Anlegen der OP-Kleidung, selbst OP-Kleidung anziehen, Überwachung der Narkosetiefe, Anreichen und Abnehmen der Instrumente, Tupfer, Nahtmaterial, OP-Assistenz nach Anweisung des Operateurs (z.B. Halten, Spreizen, Tupfen, Fäden vorbereiten und abschneiden ...)

11. Welche postoperativen Maßnahmen führen Sie am Patienten durch?

Entblockung des Tubus und Einsetzen eines Maulgatters, Lagerung des Patienten in einer Box in abgedunkeltem ruhigen Raum, kontinuierliche Überwachung von Herz-Kreislauf und Atmung, Augenreflexen, Kontrolle der Schleimhautfarbe, Messung der Körpertemperatur, Wundversorgung, Überwachung der Aufwachphase anhand der Reflexe, evtl. Wärmetherapiemaßnahmen durch Handtücher, Wärmekissen, Rotlicht, Kontrolle des Harnabsatzes, evtl. Schmerzmittelverabreichung, Ziehen der Venenverweilkanüle; außerdem Kontrolle von Narkosegas und Sauerstoffzufuhrgeräten, Reinigen und Aufhängen der Atemschläuche, Abwischen und Desinfizieren des Narkosegeräts, Desinfektion der

Instrumente und anschließende Weiterbearbeitung, Waschen und Trocknen der OP-Tücher mit anschließender Eintütung und Sterilisation.

12. Welches fassende Instrument hat Haken in unterschiedlicher Anzahl (1:2, 2:3) an den Schenkelinnenseiten und verletzt das gefasste Gewebe?

Wundhaken

13. Welche Präparierschere, hat stumpfe Schenkelenden und ist gebogen?

Metzenbaumschere

14. Was ist der Unterschied zwischen chirurgischen und anatomischen Pinzetten?

Chirurgische Pinzetten haben im Gegensatz zu anatomischen Pinzetten Haken

15. Was ist eine „Mosquito“?

Eine sehr feine, kurz fassende, quer geriefelte Arterienklemme, manchmal mit Zähnchen

16. Wie sind die Schenkelenden einer Fadenschere geformt?

Sie sind stumpf und gebogen

17. Tragen Sie bitte die unten aufgeführten Instrumente in die Tabelle ein:

Arterienklemmen nach Péan – chirurgische Pinzetten – Metzenbaum-Schere – Bauchfellklemme – Anatomische Pinzetten – Nadelhalter nach Mathieu – Kastrationshaken – Darmklemme nach Kocher – Mosquito – Darmfasszange nach Allis – Skalpelle – Backhaus-Klemme – Fadenschere

Fassende Instrumente	Haltende Instrumente	Schneidende Instrumente
Arterienklemmen nach Péan, chirurgische Pinzetten, Bauchfellklemme, Anatomische Pinzetten, Mosquito, Backhaus-Klemme, Darmklemme nach Kocher, Darmfasszange nach Allis	*Nadelhalter nach Mathieu, Kastrationshaken,*	*Metzenbaum-Schere, Fadenschere, Skalpelle*

18. Welche Instrumente werden für eine Inhalationsnarkose benötigt?

Maulspreizer, Zungenfasszange, Lichtquelle, unterschiedliche Tuben, Spritze, Klemme, Klebeband oder Mullbinde zum Fixieren, Laryngoskop

Lokalanästhesie

LF 10

Arbeitsauftrag: Bestimmen Sie die Möglichkeiten der Lokalanästhesie anhand der folgenden Abbildungen und füllen Sie die Lücken in dem nachfolgenden Text!

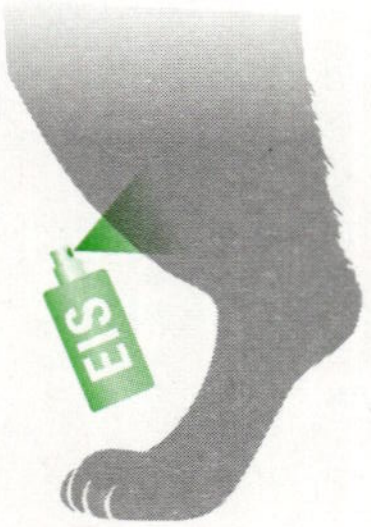

a) *Oberflächenanästhesie*

Durch dieses Verfahren können durch *Aufträufeln, Aufsprühen und Auftupfen* auf Haut, Schleimhäute des Magen-Darm-Traktes, der Atemwege, des Urogenitaltraktes, der Horn- und Bindehäute der Augen *flächenhaft* betäubt werden. Die Anwendung von *Kälte* (z.B. Chlorethyl) ist auch eine Form der Oberflächenanästhesie. Durch diese Formen sind Untersuchungen und kleinere Eingriffe möglich.

b) *Infiltrationsanästhesie*

Hierbei wird das Operationsgebiet *umspritzt oder unterspritzt*, damit das Lokalanästhetikum (z.B. Kokainderivate, Lidocain) in das Gewebe *eindringen* (infiltrieren) kann. Dadurch sind kleinere chirurgische Eingriffe und *Wundversorgungen* schmerzfrei möglich.

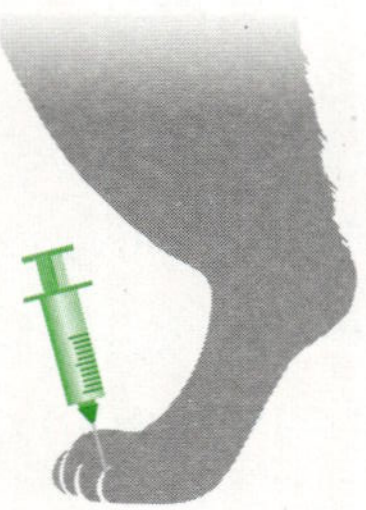

c) *Leitungsanästhesie*

Bei dieser Methode wird ein Lokalanästhetikum gezielt im Bereich eines Nervs injiziert, um die Erregungsleitung im Nerven zu *blockieren*. Es kommt zu einer Unempfindlichkeit des Körperbereiches, für den dieser Nerv zuständig ist.

Zum Bereich der Leitungsanästhesien gehören auch die rückenmarksnahen Anästhesien (Spinalanästhesie, Epiduralanästhesie). Hierbei wird ein Lokalanästhetikum in den *Extraduralraum* („Luftraum" zwischen den Wirbeln) gespritzt und die jeweiligen *Rückenmarknerven* werden blockiert.

Arbeitsauftrag: Setzen Sie die fehlenden Begriffe sinnvoll ein!

Man unterscheidet zwischen *Allgemeinanästhesie* (Narkose) und *Lokalanästhesie* (örtliche Betäubung). Unter Anästhesie versteht man die Unempfindlichkeit gegen *Schmerz-, Temperatur- und Berührungsreize*.

Bei der Allgemeinanästhesie (Narkose) werden das *Bewusstsein* und das *Schmerzempfinden* durch Narkosemittel ausgeschaltet. Es kommt zur Bewusstlosigkeit (= *Amnesie*), Muskelerschlaffung (= *Relaxation*), Herabsetzung oder Fehlen der Reflexe (= *Areflexie*).

Ein gasförmiges Narkotikum wird mittels eines Narkosegerätes über die Atemluft aufgenommen und gelangt über das Blut zum *Zentralnervensystem*. Durch einen *Endotrachealtubus* wird das Narkotikum mit *O_2* vermischt und eingeatmet. Die Ausatmungsluft wird über Kalk zur *CO_2-Absorption* geleitet, in einem *Atembeutel* gesammelt, mit O_2 und Narkotikum vermischt und zurück geatmet.

Bei der *intravenösen* Narkose wird ein Narkotikum direkt über die Vene in die Blutbahn injiziert. Da sie sehr schnell wirkt, kommt sie vor allen Dingen bei *Notfällen* zum Einsatz.

Bei der intraperitonealen Narkose erfolgt eine Injektion in die *Bauchhöhle*. Das Narkotikum wird über die Serosa (Haut des Peritoneums = Bauchfell) aufgenommen.

Das Narkotikum wird bei einer intramuskulären Narkose in die *Muskulatur* injiziert und durch das Blut resorbiert.

Bei einer oralen Narkose wird das Narkotikum mit dem *Futter* (bei Tieren) oder einer Sonde direkt in den Magen geleitet. Durch die Magen- und Darmschleimhaut wird es resorbiert.

Man unterscheidet vier Narkosestadien. Im Stadium I, dem *Analgesiestadium* kommt es zu einem allmählichen Bewusstseinsschwund mit *Schmerzlosigkeit*. Im Stadium II, dem so genannten *Exzitationsstadium* kommt es zu einer Steigerung der Reflexe; im Toleranzstadium kann der *chirurgische Eingriff* durchgeführt werden.

Sollte Stadium IV eintreten, sind sofortige *Wiederbelebungsmaßnahmen* notwendig.

Chirurgisches Nahtmaterial

LF 10

Arbeitsauftrag: Ergänzen Sie die fehlenden Begriffe!

Als chirurgisches Nahtmaterial werden *resorbierbare* und *nicht resorbierbare* Fäden unterschieden. Dabei bestimmen *Reißfestigkeit*, Elastizität, Durchmesser, Dehnungsfähigkeit, *Knotenfestigkeit* und *Gewebeverträglichkeit* die Auswahl.

Hautnähte werden in der Regel aus Nahtmaterial angefertigt, welches *nicht resorbierbar* ist. Dazu zählen: Polyamid (monofil), *Polyester* (geflochten), Polypropylen, *Seide*, Zwirn (Flachs), Metall in Form von *Silberdraht* oder *Edelstahl* (Klammern).

Bei Wildtieren wird auch bei einer Hautnaht *resorbierbares* Nahtmaterial verwendet.

Schleimhautnähte werden in der Regel mit feinen *resorbierbaren* Fäden zusammengefügt.

Muskelnähte, Fasziennähte und Darmnähte werden mit *resorbierbaren* Fäden gelegt. Dazu nimmt man folgende Materialien: als synthetisch organisch hergestelltes Material gilt *Polyglykolsäure* (Dexon, Vicryl); als na-türlicher tierischer Rohstoff wurde früher *Catgut* bzw. *Chrom-Catgut* aus den kollagenen Fasern des *Katzendarmes* verwendet. Dieser wurde später durch *Schafdarm* ersetzt, war aber nach dem Auftreten von *BSE* zeitweilig nicht mehr erlaubt.

Je nach *Gewebebeschaffenheit* muss das Nahtmaterial mit den entsprechenden Nadeln verarbeitet werden.

Man unterscheidet Nadeln mit *Normalöhr*, *Federöhr* und *Nadel-Faden*-Kombinationen, *schneidend* oder *rund*, mit 3/8 Kreis, *1/2* Kreis oder *gerade*. Bei den Größenbezeichnungen ist zu beachten: je *größer* die Zahl, umso *kleiner* ist die Nadel; so entspricht z.B. die Zahl 16 einer *kleinen* Nadel im Gegensatz zur Bezeichnung 000, die dementsprechend *groß* ist.

Fragen zu Nadeln und Nahtmaterial

LF 10

1. Welche verschiedenartigen Nadeln kann man zum Anfertigen einer Wundnaht verwenden?

   Nadeln mit Normalöhr, Federöhr und Nadel-Faden-Kombinationen, schneidend oder rund, mit 3/8 Kreis, 1/2 Kreis, gerade oder extra starke

2. Was ist bei den Größenbezeichnungen der Nadeln zu beachten?

   Je größer die Zahl, desto kleiner ist die Nadel

3. Erläutern Sie den Vorteil einer Nadel-Faden-Kombination!

   Diese traumatisiert das zu durchstechende Gewebe weniger als Fäden von der Rolle, die durch ein Nadelöhr gezogen werden

4. Welche unterschiedlichen Nadelhalter kann man dazu benutzen?

   nach Mathieu: Nadel wird durch aufgeraute Metallfläche gehalten; nach Olsen-Hegar: mit Schere; nach Ermold: aufgeraut, Nadel liegt in Rinne

5. Nach welchen Kriterien sollte Nahtmaterial ausgesucht und verwendet werden?

   Nach Reißfestigkeit, Elastizität, Dehnungsfähigkeit, Knotenfestigkeit, Gewebeverträglichkeit

6. Welche verschiedenartigen Fäden werden unterschieden? Berücksichtigen Sie auch die unterschiedlichen Fadenstärken!

   Resorbierbare und nicht resorbierbare Fäden; geflochtene (polyphile) und monophile, Metallfäden, Seide, Zwirn

7. Nach welchem Verfahren wird Nahtmaterial sterilisiert?

   Mit Gamma-Strahlen oder Ethylenoxid (Gas)

8. Welches Nahtmaterial wird ausschließlich bei Wildtieren verwendet?

   Man verwendet ausschließlich resorbierbares Nahtmaterial

9. Mit welcher Art Fäden werden Schleimhäute genäht?

   Mit feinem resorbierbaren Nahtmaterial

10. In welchem Verhältnis steht die Fadenbezeichnung zu dessen Größe?

    Die Fadennummer beträgt immer das Zehnfache des Durchmessers.

11. Erstellen Sie eine Tabelle, in die Sie resorbierbares und nicht resorbierbares Nahtmaterial eintragen!

Resorbierbares Nahtmaterial	Nicht resorbierbares Nahtmaterial
Katgut plain	*Polypropylen*
Katgut chrom	*Polyamid*
Polyglycolsäure	*Polyester*
	Seide
	Zwirn
	Stahldraht

Kreuzworträtsel Operation

LF 10

Arbeitsauftrag: **Setzen Sie die Fachbegriffe ein!**

1 AMPUTATION
2 KASTRATION
3 LIGATUR
4 CERCLAGE
5 IMPLANTATION
6 BIOPSIE
7 HYSTEREKTOMIE
8 DRAENAGE
9 PUNKTION
10 NAHTDEHISZENZ
11 KUERETTAGE
12 DEKUBITUS
13 TREPANATION

Lösungswort: OSTEOSYNTHESE

1 operatives Entfernen eines endständigen Körperteils bzw. Organteils
2 operative Entfernung der Keimdrüsen
3 Unterbindung eines Gefäßes oder Hohlorgans
4 Knochenbruchbehandlung mit Drahtumschlingung
5 Einbringung eines Implantats in den Körper
6 Gewebeprobeentnahme
7 operative Gebärmutterentfernung
8 Ableitung von Körperflüssigkeit mit einem Drän an die Körperoberfläche
9 Einstich mit einer Kanüle in ein Hohlorgan
10 Auseinanderweichen von Wundnähten
11 Ausschabung eines Hohlorgans mit der Kürette
12 Geschwürbildung mit Nekrosen
13 Anbohrung einer Körperhöhle

Vorbereitung einer Infusion

LF 10

Arbeitsauftrag: **Setzen Sie die folgenden Begriffe sinnvoll ein!**

Rollklemme – Flüssigkeitsspiegel – luftblasenfrei – Durchfluss – Einstichdorn – Schauglas – Gummidichtung – Schutzkappe – entlüftet – Verweilkanüle – Kunststoffkappe

Die Füllung des Infusionsbestecks wird folgendermaßen gehandhabt:

Zuerst ist darauf zu achten, dass die *Rollklemme* geschlossen wird (Abbildung 1).

Der Schutzdeckel der Infusionslösung wird abgezogen und der *Einstichdorn* des Infusionsbesteckes durch die *Gummidichtung* der Infusionsflasche gestochen. Dabei ist darauf zu achten, dass die Rollklemme in der Mitte der Schlauchleitung geschlossen ist, um den sofortigen *Durchfluss* der Lösung zu vermeiden.

Anschließend wird die Infusionsflasche an einen Infusionsständer gehängt und im *Schauglas* durch leichtes Zusammendrücken und Loslassen ein entsprechender *Flüssigkeitsspiegel* hergestellt (Abbildung 2). Danach werden der Belüftungsfilter oberhalb des Schauglases und die Rollklemme geöffnet, um die Schlauchleitung mit der Infusionslösung *luftblasenfrei* zu füllen. Ist der Schlauch vollständig *entlüftet*, wird die Rollklemme wieder verschlossen (Abbildung 3).

Der Anschlusskonus des Schlauches für die *Verweilkanüle* muss bis zum Anschließen der Infusion durch die *Kunststoffkappe* geschützt bleiben und der Kanülenmandrin bis zum Ende der Infusion in der *Schutzkappe* aufbewahrt werden (Abbildung 4).

Bei der Vorbereitung ist sorgfältig auf steriles Arbeiten zu achten.

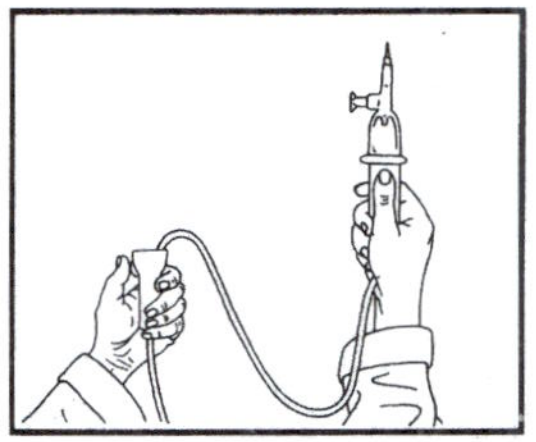
1

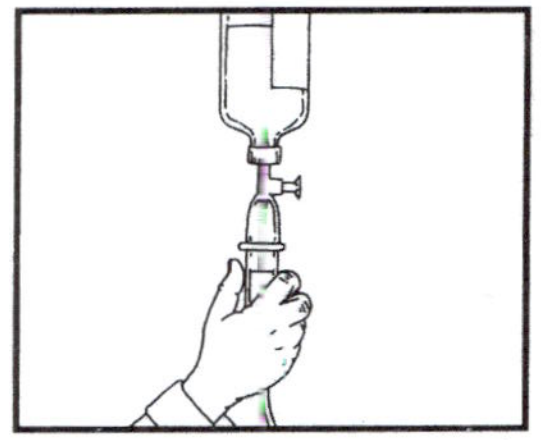
2

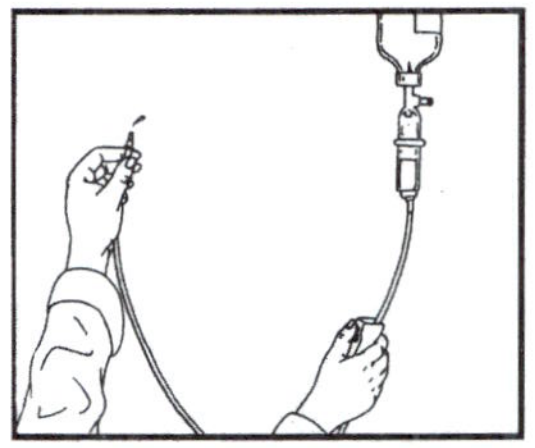
3

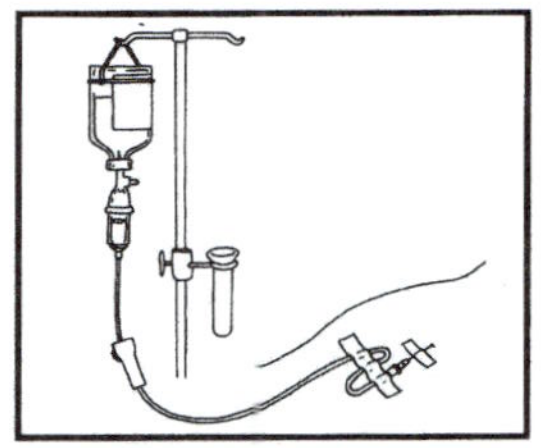
4

LF 10 Weiblicher Sexualzyklus

Arbeitsauftrag
Beantworten Sie die folgenden Fragen und tragen Sie die Antworten in die Tabelle ein!

Was geschieht während der im Folgenden genannten Zyklusstadien in den Ovarien und im Uterus und welche Geschlechts- und Hypophysenhormone sind vorherrschend? Nennen Sie auch die deutschen Begriffe!

1. Präöstrus: *Vorbrunst*
2. Östrus: *Brunst*
3. Postöstrus: *Nachbrunst*
4. Interöstrus: *Zwischenbrunst*
5. Anöstrus: *Brunstlosigkeit*

Zyklus-stadium	Vorgänge im Ovar	Vorgänge im Uterus	Vorherrschendes Geschlechts-hormon	Hypophysen-hormon (Gonadotropine)
Präöstrus	*Follikelreifung/ Eireifung*	*Proliferations-phase*	*Östrogene (von Follikel gebildet)*	*FSH*
Östrus	*Follikelreifung/ Eireifung und Eisprung*	*Proliferations-phase*	*Östrogene*	*LH-Anstieg kurz vor dem Eisprung*
Postöstrus	*Eisprunggrube*	*Proliferations-phase abge-schlossen*	*Östrogene*	
Interöstrus	*Gelbkörper-bildung aus dem Follikel*	*Sekretions-phase*	*Progesteron (von Gelbkörper gebildet)*	*LH*
Anöstrus	*Keine bedeuten-den Funktions-körper*	*Ruhephase*	*keins*	

LF 10 Geschlechtsorgane der Hündin

Arbeitsauftrag
Beschriften Sie die Geschlechtsorgane einer Hündin mit deutschen Begriffen und Fachbegriffen!

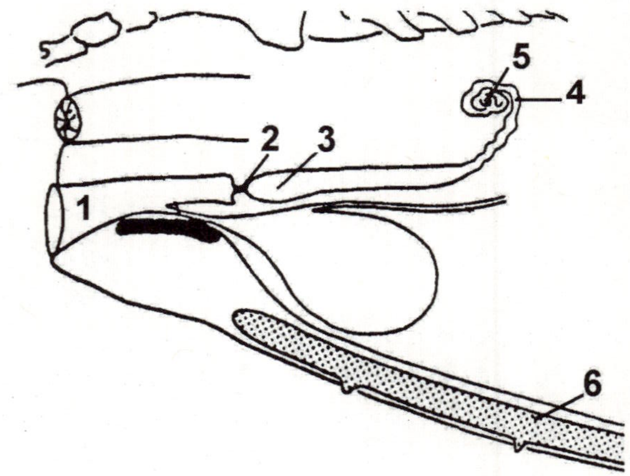

1 *Scheide* = *Vagina*
2 *Gebärmutterhals* = *Cervix uteri*
3 *Gebärmutter* = *Uterus*
4 *Eileiter* = *Tube*
5 *Eierstock* = *Ovar*
6 *Gesäugeleiste* = *Mammae*

LF 10 Geschlechtsorgane des Rüden

Arbeitsauftrag: **Beschriften Sie die Abbildung der Geschlechtsorgane eines Rüden mit deutschen Begriffen und Fachbegriffen!**

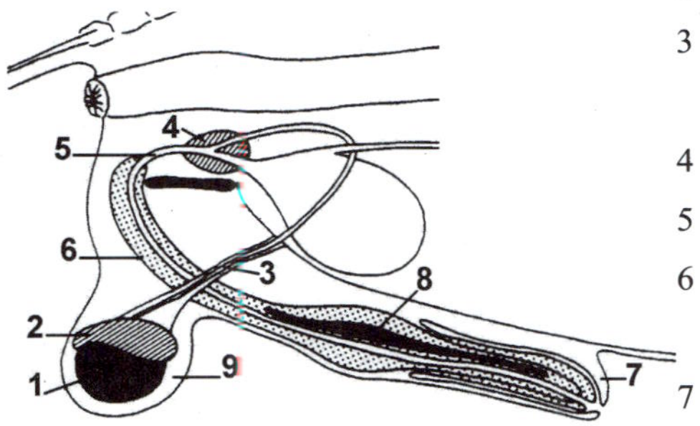

1	*Hoden =*	*Testis*
2	*Nebenhoden =*	*Epididymis*
3	*Samenleiter =*	*Ductus spermaticus/deferens*
4	*Vorsteherdrüse =*	*Prostata*
5	*Harn-Samen-Röhre =*	*Urethra*
6	*Schwellkörper =*	*Corpus cavernosum penis*
7	*Vorhaut =*	*Präputium*
8	*Penisknochen =*	*Os penis*
9	*Hodensack =*	*Scrotum*

Arbeitsauftrag: **Beschriften Sie die Abbildung zum Bau eines Spermiums!**

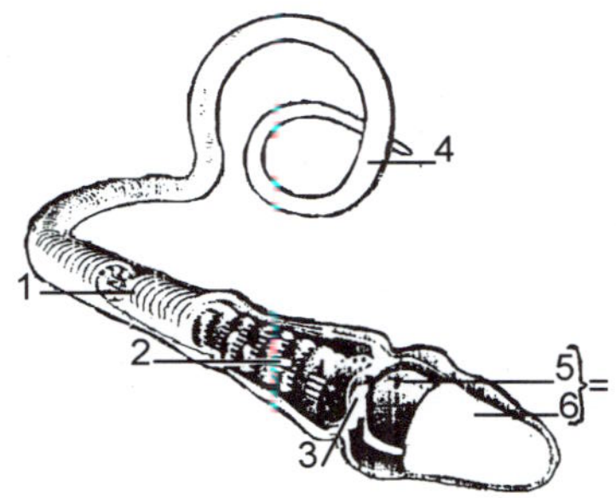

1 *Stützfasern*
2 *Energiespeicher*
3 *Hals*
4 *Geißel*
5 *Erbmaterial (Chromosomen)*
6 *Enzymkappe*

(5 und 6) = *Kopf*

LF 10 Befruchtung und Entwicklung

Arbeitsauftrag
Beschriften Sie in der Abbildung die Vorgänge in Ovar, Tuba und Uterus!

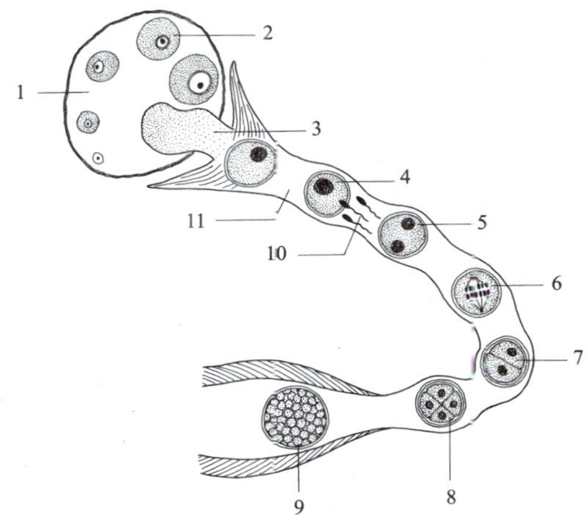

Schematische Darstellung der Ovulation, Befruchtung und Einnistung

1 *Heranreifen der Eizelle im Ovar*
2 *Wachsen der Eizelle im Ovar*
3 *Eisprung/Ovulation*
4 *Spermium dringt in Eizelle ein*
5 *Konjugation/Verschmelzung/Zygote*
6 *erste mitotische Zellteilung der Zygote*
7 *Zweizellstadium der Zygote*
8 *Entstehung 4-Zellstadium durch Mitose*
9 *Morulastadium bei Eintritt in Uterus*
10 *Befruchtung im äußeren Drittel der Tuba*
11 *Transport der befruchteten Eizelle*

LF 10 Kreuzworträtsel Fortpflanzung 1

Arbeitsauftrag: Setzen Sie die Fachbegriffe ein!

1	VA**G**INA
2	MAMMA**E**
3	A**B**DOMEN
4	V**U**LVA
5	OVA**R**IUM
6	OVULA**T**ION
7	PARTU**S**
8	PRESS**W**EHEN
9	ADN**E**XE
10	WE**H**ENMITTEL
11	ZYGOT**E**
12	OXYTOCI**N**

1 Scheide
2 Gesäugeleiste
3 Bauchraum
4 äußeres Geschlechtsorgan
5 Eierstock
6 Eisprung
7 Geburt
8 notwendig zur Austreibung der Leibesfrucht
9 Anhangsgebilde der Gebärmutter
10 notwendig, wenn die Geburt stockt
11 befruchtete Eizelle
12 Hormon zur Verstärkung der Wehen

LF 10 Kreuzworträtsel Fortpflanzung 2

Arbeitsauftrag: Setzen Sie die Fachbegriffe ein!

1	EPI**D**IDYMIS
2	EJAK**U**LAT
3	S**C**ROTUM
4	**T**ESTIS
5	PRAEP**U**TIUM
6	GLAN**S**PENIS
7	GONA**D**EN
8	**E**JAKULATION
9	**F**ETUS
10	UR**E**THRA
11	P**R**OSTATA
12	T**E**STOSTERON
13	PE**N**IS
14	BRUN**S**T

1 Nebenhoden
2 Samenflüssigkeit
3 Hodensack
4 Hoden
5 Vorhaut
6 Eichel
7 Keimdrüsen
8 Samenerguss
9 Leibesfrucht nach Organentwicklung
10 Harn-Samen-Röhre
11 Vorsteherdrüse
12 männliches Hormon
13 männliches Glied
14 Östrus

LF 10 Termini Genitalsystem 1

Arbeitsauftrag: Übersetzen Sie die folgenden Fachbegriffe!

Gebärmutter	*Uterus*
Radiologie	*Lehre der Strahlen, Strahlenheilkunde*
Mastdarm	*Rectum*
Antikonzeptiva	*Schwangerschaftsverhütungsmittel*
Ovulation	*Eisprung*
Endometrium	*Gebärmutterschleimhaut*
Vulva	*äußeres Geschlechtsteil*
Mamma	*Brust*
Vesica urinaria	*Harnblase*
Prostata	*Vorsteherdrüse*
Symphyse	*Schambeinfuge*
Präputium	*Vorhaut*
Epididymis	*Nebenhoden*
Testis	*Hoden*
Skrotum	*Hodensack*
Biopsie	*Gewebeprobeentna hme*
Urethra	*Harnröhre*
Urologie	*Lehre des Urogenitalsystems*
Glans penis	*Eichel*
Gravidität	*Schwangerschaft*
Embryo	*Leibesfrucht während Organentwicklung*
Plazenta	*Mutterkuchen*
Abort	*Fehlgeburt*
Partus	*Geburt*
Vagina	*Scheide*

LF 10 Termini Genitalsystem 2

Arbeitsauftrag: Übersetzen Sie die folgenden Fachbegriffe!

Adnexe	*Anhangsgebilde der Gebärmutter (Eierstöcke und Eileiter)*
Aufbauphase	*Proliferationsphase*
Auflockerungsphase	*Sekretionsphase*
äußerer Gebärmuttermund	*Portio vaginalis*
Eibläschen	*Follikel*
Eierstock	*Ovarium, Ovar*
Eileiter	*Tuba uteri*
Fetus	*Leibesfrucht während des Wachstums bis Geburt*
Gebärmutterhals	*Cervix uteri*
Gebärmutterhöhle	*Cavum uteri*
Glied	*Penis*
Kitzler	*Clitoris*
Menstruation	*Abbauphase der Gebärmutterschleimhaut*
Muskelschicht	*Myometrium*
Samenbläschen	*Glandula vesiculosa*
Samenleiter	*Ductus spermaticus, Ductus deferens*
Samenzelle	*Spermium*
Schwangerschaft	*Gravidität*

LF 11 Diabetesberatung

Arbeitsauftrag: **Beantworten Sie bitte folgende Fragen!**

1. Welche Hormone werden in den Inselzellen der Pankreas gebildet?

   Insulin und Glukagon werden gebildet; Insulin senkt, Glukagon hebt den BZ-Spiegel

2. Warum bezeichnet man sie als Antagonisten?

   Weil sie gegengleich arbeiten (s.o.)

3. Welche Frühsymptome weisen auf einen Diabetes hin?

   Großer Durst, vermehrter Harnabsatz, schlechte Wundheilung, Infektanfälligkeit

4. Welche Diabetes-Typen werden unterschieden?

   Typ I = absoluter Insulinmangel, meist bei Jugendlichen; Typ II = relativer Insulinmangel = Altersdiabetes

5. Was versteht man unter einer

   a) Hypoglykämie?

   Eine Unterzuckerung mit einem zu niedrigen Blutzuckerspiegel

   b) Hyperglykämie?

   Einen zu hohen Blutzuckerspiegel

6. Welche Spätschäden können bei einem schlecht behandelten Diabetes auftreten?

   Netzhautschäden bis zur Erblindung, Nierenschäden bis zum Nierenversagen, Arteriosklerose vor allen Dingen an den unteren Extremitäten bis zum Gewebebrand (Gangrän) und Amputation

7. Aus welchem Grunde soll ein Diabetiker seine Nahrung auf sechs bis sieben kleine Mahlzeiten verteilen?

   Um den Blutzuckerspiegel konstant zu halten

8. Wie bezeichnet man Blutzucker senkende Medikamente?

   Man bezeichnet sie als Antidiabetika

LF 11 Arzneimittelapplikation 1

Arbeitsauftrag

Bestimmen Sie die dargestellten Applikationsmöglichkeiten und nennen Sie auch die Fachbegriffe!

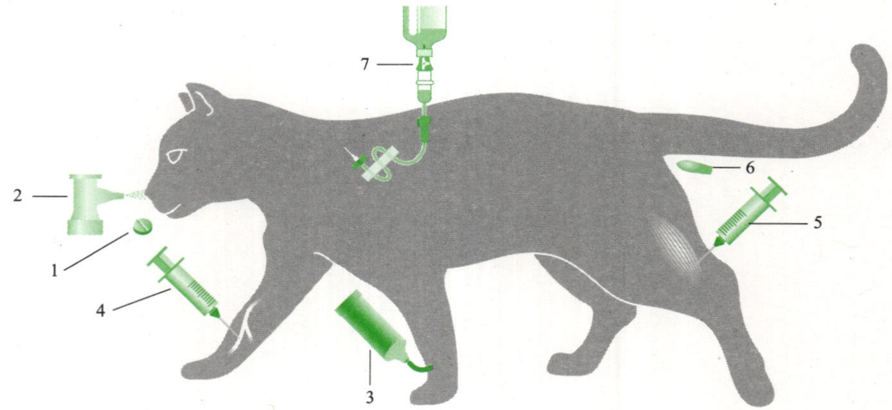

1 *durch den Verdauungstrakt; oral; per os; enteral*
2 *durch die Nase; nasal/tracheal; lokal*
3 *durch die Haut; percutan; lokal*
4 *in die Vene; intravenös; parenteral*
5 *in den Muskel; intramuskulär; parenteral*
6 *durch den Verdauungstrakt; enteral, durch den Mastdarm; rektal*
7 *unter die Haut; subcutan, Infusion*

LF 11 Arzneimittelapplikation 2

1. a) Medikamente werden innerlich und äußerlich angewendet.
   Nennen Sie bitte den Ort der Anwendung!

Applikationsart	Ort
■ oral	*durch den Mund, Maul*
■ rektal	*durch den Mastdarm*
■ perkutan	*durch die Haut*
■ parenteral	*in die Vene*

   b) Injektionen können in oder unter verschiedene Gewebearten gesetzt werden.
   Erklären Sie die Abkürzungen:

■ s.c.	*subcutan*
■ i.m.	*intramuskulär*
■ i.v.	*intravenös*
■ i.p.	*intraperitoneal*
■ i.a.	*intraarticulär*

2. Wie bezeichnet man die folgenden Arzneimittel mit Fachbegriffen?

■ blutdrucksenkende Mittel	*Antihypertonika*
■ harntreibende Mittel	*Diuretika*
■ schmerzstillende Mittel	*Analgetika*
■ bakterienabtötende Mittel	*Antibiotika*
■ beruhigende Mittel	*Sedativa*
■ Abführmittel	*Laxantia*
■ blutzuckersenkende Mittel	*Antidiabetika*
■ blutstillende Mittel	*Hämostyptika*
■ aufbauende Mittel	*Roborantia*
■ fiebersenkende Mittel	*Antipyretika*

LF 11 Arzneimittelgruppen

Arbeitsaufträge

1. Nennen Sie die deutschen Begriffe für die aufgelisteten Arzneimittelgruppen!

Analgetika	*Schmerzmittel*
Antibiotika	*Mittel gegen bakterielle Erkrankungen*
Antidiabetika	*blutzuckersenkende Mittel*
Antikonzeptiva	*Schwangerschaftsverhütungsmittel*
Antimykotika	*Mittel gegen Pilzerkrankungen*
Antihypertonika	*blutdrucksenkende Mittel*
Antihypotonika	*blutdruckhebende Mittel*
Antiphlogistika	*entzündungshemmende Mittel*
Broncholytika	*Bronchien erweiternde Mittel*
Chemotherapeutika	*Mittel gegen Krankheitserreger und Geschwulstzellen*
Diuretika	*harntreibende Mittel*
Hämostyptika	*blutstillende Mittel*
Hypnotika	*Schlafmittel*
Kardiaka	*Mittel gegen Herzerkrankungen*
Kortikoide	*Mittel gegen Entzündungen (Hormon der Nebennierenrinde)*
Laxantia	*Abführmittel*
Ophthalmika	*gegen Augenerkrankungen*
Otologika	*Mittel gegen Ohrerkrankungen*
Sedativa	*Beruhigungsmittel*
Sera	*Impfstoffe (Mittel mit spezifischen Antikörpern)*
Spasmolytika	*krampflösende Mittel*
Urologika	*Mittel gegen Urogenitalerkrankungen*
Zytostatika	*Mittel zur Hemmung der Zellteilung, Behandlung maligner Geschwulste*

2. Erläutern Sie bitte, gegen welche Art der Erkrankung Antibiotika wirken und was bei der Einnahme eines Antibiotikums zu beachten ist.

Antibiotika sind wirksam bei bakteriellen Erkrankungen. Sie sind stets zur gleichen Zeit mit Wasser (nicht mit Milch) einzunehmen. Sie müssen bis zum Ende der Packung eingenommen werden. Die Wirksamkeit der Pille wird bei Frauen herabgesetzt; während der Behandlung Schutz vor extremer UV-Strahlung, da die Haut sehr lichtempfindlich ist.

Arzneimittellehre

LF 11

Arbeitsauftrag: Setzen Sie die fehlenden Begriffe sinnvoll in die Lücken ein!

Arzneimittel werden Menschen und Tieren verabreicht = *appliziert*, um Krankheiten und Beschwerden zu behandeln, zu *verhüten* und zu *lindern*.
Als Arzneistoffe werden einzelne chemische Elemente und Verbindungen, Pflanzen und Pflanzenbestandteile sowie tierische und menschliche Produkte, z.B. Hormone und Enzyme verwendet.
Der griechische Begriff **Pharmakon** bedeutet sowohl Heilmittel (Arznei) als auch Gift. Diese Bedeutung weist darauf hin, dass jedes Arzneimittel zusätzlich zu den erwünschten heilenden Wirkungen auch schädliche Nebenwirkungen hat.
Pharmakologie = *Lehre von den Wechselwirkungen zwischen Arzneistoffen und dem Organismus*
Toxikologie = *Lehre von den Giften und ihren Wirkungen auf den Körper.*

Die Arzneimittelformen

Ein Arzneimittelwirkstoff kann nur selten direkt verabreicht werden. In der Regel ist eine Verarbeitung mit Hilfsstoffen zu einer bestimmten Arzneimittelform erforderlich.
Man unterscheidet folgende Formen:
Tabletten, Pulver, Tee, Granulat, Suppositorien, Dragees, Kapseln gehören zu den *festen* Formen.
Sie werden *oral* oder *rektal* verabreicht. Diese Art der Verabreichung bezeichnet man als *enterale* Applikation. Dieses bedeutet, dass die Wirkstoffe über die Blutgefäße des *Magen-Darm*-Kanals aufgenommen = *resorbiert* werden.
Streichfähige Arzneimittel sind *Salben, Pasten, Cremes* und *Gele*. Ihre Verabreichung geschieht weitgehend per cutan, das heißt *durch die Haut* und wird als *lokale* Applikation bezeichnet.
Die Verabreichung von z.B. Hormonpflastern, bezeichnet man als transdermale Applikation; die Wirkstoffe werden durch das Blut in den Körper aufgenommen. Aus diesem Grund spricht man hier von einer *parenteralen* Applikation.
Im Rahmen der parenteralen Verabreichung kann man *Injektionen* z.B. unter die Haut = *subcutan* setzen, oder in den Muskel = *intramuskulär*.
Auch Inhalationen oder Infusionen gehören zu dieser Applikationsart.

Werden z.B. Schmerzzäpfchen = *Suppositorien* angewendet, so haben diese eine *enterale* Wirkung, Hämorrhoiden- oder Vaginalzäpfchen dagegen haben eine *lokale* Wirkung.

Flüssige Arzneimittel, wie z.B. *Lösungen, Tinkturen, Tropfen, Emulsionen*, in denen kleinste Fetttröpfchen eingebettet sind, oder *Suspensionen*, bei denen sich pulverförmige Schwebestoffe in einer Flüssigkeit befinden, können sowohl enteral als auch parenteral verabreicht werden.
Gasförmige Arzneimittelformen haben keine feste Form und kein konstantes Volumen. Man verwendet sie als *Narkosegase* oder bei zu geringer Sauerstoffzufuhr oder einem zu hohen Kohlendioxidgehalt im Blut.

Aerosole enthalten feste oder *flüssige* Schwebstoffe in Luft; die Medikamente werden *vernebelt* z.B. zur Behandlung von Atemwegserkrankungen.
Wichtig bei der Einnahme von Medikamenten ist die sorgfältige Beachtung der Dosierungs– und Anwendungsempfehlungen, der *Gegenanzeigen* (Kontraindikationen) und Anwendungsbeschränkungen, der *Nebenwirkungen*, der *Wechselwirkungen* mit anderen Mitteln (z.B. Alkohol) sowie Warnhinweise.
Beispiele für *Gegenanzeigen* sind:

- Überempfindlichkeit (Allergie)
- Schwerwiegende Vorerkrankungen des Patienten
- Schwangerschaft

Nebenwirkungen sind unerwünschte Begleiterscheinungen, die bei Anwendungsfehlern, aber auch bei richtigem Gebrauch auftreten können.

Es gibt kein wirksames Medikament ohne Nebenwirkung!
Nebenwirkungen können sein:

- Blutbildungsstörungen und Störungen der Blutgerinnung
- Allergien
- Magen-Darmstörungen
- Leberfunktionsstörungen
- usw.

Deswegen müssen alle Fertigarzneimittel *Gebrauchsinformationen* in vorgeschriebenen Packungsbeilagen enthalten.

LF 11 Kreuzworträtsel Arzneimittel 1

Arbeitsauftrag: Setzen Sie die Fachbegriffe ein!

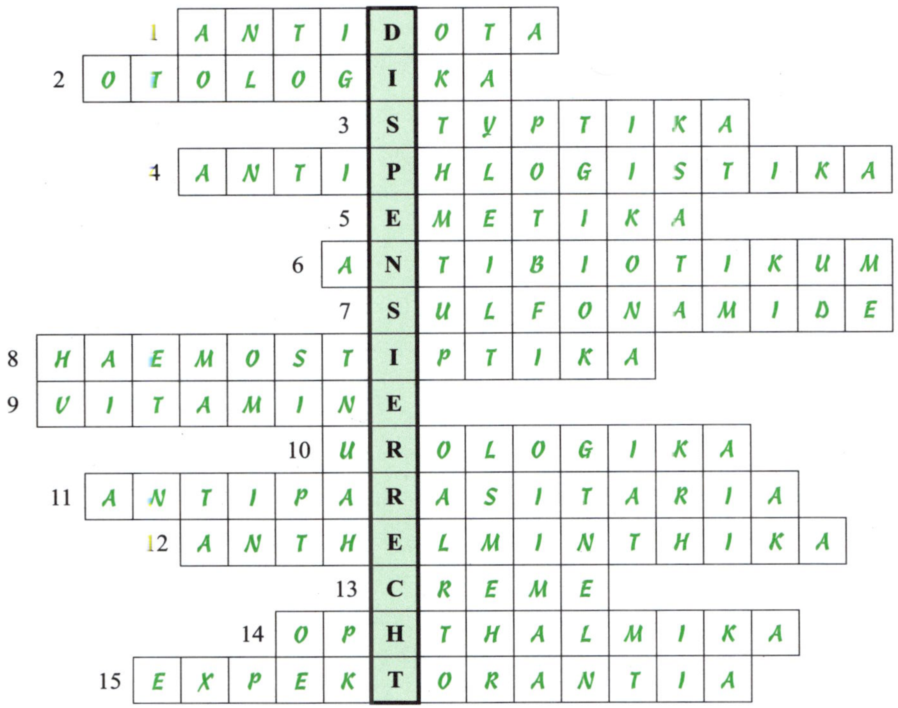

1 Gegenmittel
2 Ohrenmittel
3 stopfende Mittel
4 entzündungshemmende Mittel
5 Brechmittel
6 Mittel gegen bakterielle Infektionen
7 bakterienhemmende Mittel
8 blutstillende Mittel
9 stoffwechselfördernde Mittel
10 Mittel gegen Harnwegserkrankungen
11 Mittel gegen Ektoparasiten
12 Mittel gegen Wurmbefall
13 streichfähiges Arzneimittel
14 Mittel gegen Augenerkrankungen
15 sekretlösende Hustenmittel

LF 11 Kreuzworträtsel Arzneimittel 2

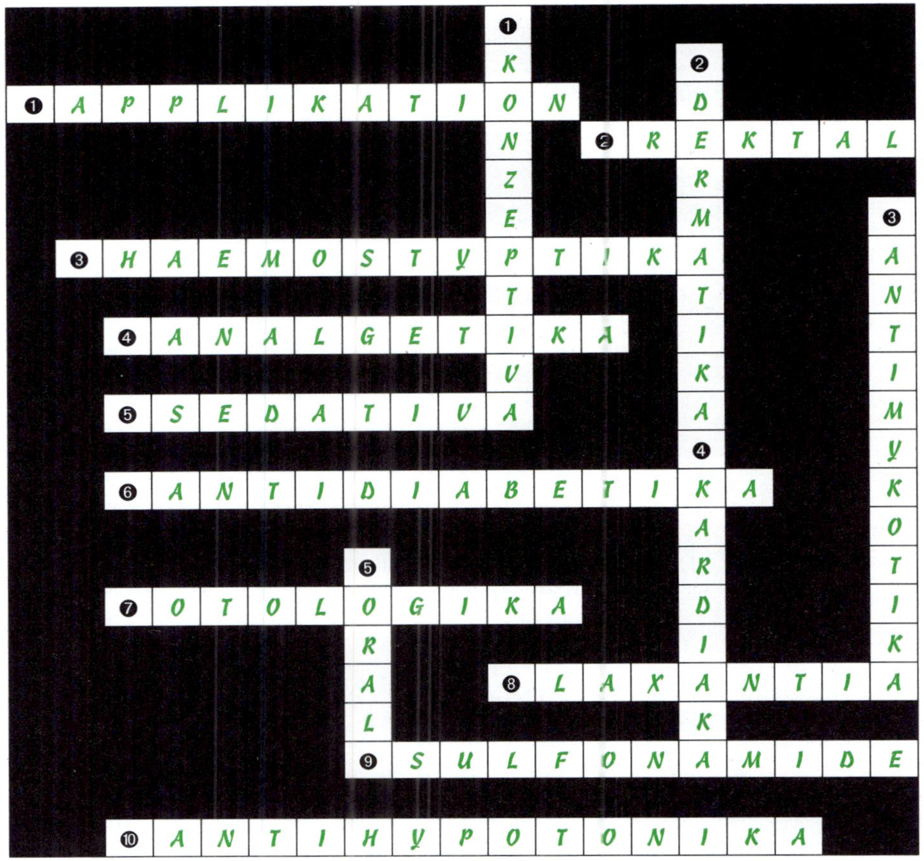

waagerecht
1 Fachbegriff für Arzneimittelverabreichung
2 Verabreichung durch den Mastdarm
3 blutstillende Arzneimittel
4 Schmerzmittel
5 Beruhigungsmittel
6 blutzuckersenkende Arzneimittel
7 Arzneimittel gegen Ohrenbeschwerden
8 Abführmittel
9 entzündungshemmende Arzneimittel
10 Mittel gegen niedrigen Blutdruck

senkrecht
1 Schwangerschaftsverhütungsmittel
2 Mittel gegen Hautkrankheiten
3 Mittel gegen Pilzerkrankungen
4 Mittel gegen Herzkrankheiten
5 Verabreichung durch den Mund

Arzneimittel

LF 11

Arbeitsauftrag: Bearbeiten Sie die folgenden Aufgaben!

1. Stellen Sie die Arten der Arzneimittelapplikation dar, erläutern Sie diese und geben Sie jeweils drei Beispiele dazu an!

   Arzneimittel kann man lokal oder systemisch applizieren. Lokal meint am Ort der Beschwerden, z.B. Augentropfen, Nasentropfen, Salben. Systemisch meint grundsätzlich die Aufnahme der Wirkstoffe über das Blut. Dabei wird unterschieden zwischen enteraler und parenteraler Applikation. Enteral werden Arzneistoffe verabreicht, die über den Magen-Darm-Trakt, also oral oder rektal aufgenommen werden, wie z.B. Tabletten, Kapseln, Suppositorien. Parenteral werden die Wirkstoffe unter Umgehung des Magen-Darm-Kanals aufgenommen; z.B. durch Injektionen, Infusionen, Transfusionen.

2. Ein Hund wird in Ihre Praxis gebracht und der Besitzer teilt Ihnen mit, dass das Tier seit zwei Tagen unter starkem Erbrechen leidet.
   a) Begründen Sie bitte, welche Art der Arzneimittelapplikation zu empfehlen/nicht zu empfehlen ist!

   Zu empfehlen ist die Arzneimittelzufuhr durch Injektionen, Infusionen oder auch rektal, da so gewährleistet ist, dass die Arzneistoffe wirksam werden. Nicht zu empfehlen ist die orale Arzneimittelgabe, da sie wieder erbrochen werden kann

   b) Welches ist die Fachbezeichnung für Medikamente gegen Erbrechen?

   Man bezeichnet diese Medikamente als Antiemetika

3. Arzneimittel gibt es in unterschiedlichen Aggregatzuständen. Nennen Sie diese und geben Sie jeweils zwei Beispiele dazu an!

   fest: Tabletten, Granulat, Pulver, Tee, Kapseln, Dragees, Zäpfchen
   flüssig: Tropfen, Emulsionen, Lösungen, Tikturen, Suspensionen, Mixturen
   streichfähig: Salben, Pasten, Cremes, Gele
   gasförmig: Aerosole, Narkosegase

4. a) Sie haben eine neue Arzneimittellieferung bekommen und sollen diese in den Arzneischrank einordnen. Nach welchen Kriterien können Sie die Arzneimittel sinnvoll einordnen? Drei Angaben bitte!

   Einordnung nach Wirkstoffgruppen, nach Aggregatgruppen, nach Menge des Verbrauchs; wichtig ist, dass neue Arzneimittel immer hinter den älteren einsortiert werden, also immer auf das Verfalldatum achten.

   b) Sie müssen bei dem Wegräumen der Arzneimittel bedenken, dass nicht alle Arzneien in den gleichen Schrank eingeräumt werden können. Nennen Sie bitte zwei Beispiele und Orte für die Aufbewahrung bestimmter Arzneien!

   Suppositorien, Impfsera, Hormone sind im Kühlschrank zu lagern; Arzneimittel, die dem Betäubungsmittelgesetz unterliegen sind in einem gut verschlossenen Schrank aufzubewahren.

5. Pharmakonzerne müssen sich vor möglichen Regressansprüchen gegenüber Patienten absichern. Deshalb sind sie verpflichtet, Beipackzettel mit vielen Hinweisen zu versehen. Nennen Sie bitte je drei Beispiele für:
   a) Gegenanzeigen, bei denen ein Medikament nicht eingenommen werden darf!

   Bei bekannter Überempfindlichkeit gegen Bestandteile des Arzneimittels,
   bei bekannten anderen Vorerkrankungen,
   bei Einnahme anderer Arzneimittel,
   bei Gefahr einer Fruchtschädigung

   b) Nebenwirkungen, die auftreten können!

   Erbrechen, Schwindel, Herzbeschwerden, Übelkeit, Leberschäden, Nierenfunktionsstörungen, Blutbildungsstörungen, Überempfindlichkeitsreaktionen, Magen-Darm-Störungen

   c) Weitere Angaben, die darauf zu finden sind!

   Dosierung, Haltbarkeit, Chargen-Nummer, Anwendungshinweise, Zusammensetzung

6. Ein Tierarzt bittet seine TFA, die Teilmenge eines Arzneimittels einem Klienten auszuhändigen. Worüber muss diese den Tierbesitzer unterrichten?

   Die TFA muss den Tierbesitzer über Art, Dosis und Dauer der Verabreichung des Medikaments genau informieren

7. a) Machen Sie fünf Angaben über den Inhalt eines Rezeptformulars!

   Name und Adresse des verschreibenden Tierarztes oder der Praxis

   Anrede an Apotheker: RP= Recipe= Nimm!

   aktuelles Datum; Handelsname des Medikamentes

   gewünschte Arzneiform, erforderliche Packungsgröße

   Gebrauchsanweisung für Tierhalter

   b) Welche Angaben dürfen Sie als TFA auf dem Rezept eintragen?

   Eine TFA darf alle Angaben, außer der Unterschrift eintragen

   c) Was darf nur der Tierarzt/Tierärztin eintragen?

   Der Tierarzt/die Tierärztin allein darf unterschreiben

   d) Wie lange ist ein Rezept nach der Ausstellung gültig?

   Ein Rezept hat eine Gültigkeit von 6 Monaten und darf nur einmal eingereicht werden

8. Sie bekommen den Auftrag neue BtM-Rezepte zu bestellen.

   a) Wo können Sie die Rezepte anfordern?

   Bei dem Bundesinstitut für Arzneimittel und Medizinprodukte (BfArM) mit der Bundesopiumstelle in Berlin

   b) Woran können Sie nach Erhalt der Rezepte erkennen, dass diese für Ihre Praxis bestimmt sind?

   Die Rezepte sind mit einer BtM-Nummer versehen, die an die eigene Praxis gebunden ist

   c) Wie bzw. wo bewahren Sie die Rezepte auf?

   BtM-Rezepte sind diebstahlsicher aufzubewahren in einem abschließbaren Schrank

   d) Wie dokumentieren Sie den Verbrauch der Rezepte?

   Der Verbrauch der Rezepte ist durch laufende Eintragungen auf Karteikarten nach amtlichem Formblatt nachzuweisen

   e) Wie lange müssen Sie das amtliche Formblatt und Teil III des Rezeptes aufbewahren?

   Karteikarten und Teil III des BtM-Rezeptes sowie der Anforderungsschein der Rezepte sind drei Jahre aufzubewahren

   f) Wo verbleiben die Teile I und II?

   Teil I und II sind bei Abholung des Betäubungsmittels in der Apotheke vorzulegen.

   g) Wie lange ist ein BtM-Rezept nach der Ausstellung gültig?

   Ein BtM-Rezept ist sieben Tage gültig

9. Welche Angaben müssen Verpackungen von Fertigarzneimitteln aufweisen? (Sechs Beispiele)

   Name und Anschrift des Herstellers, Handelsname der Arznei, Chargen-Bezeichnung, Verfallsdatum, Inhalt (Menge), Darreichungsform, Art der Anwendung, Inhalsstoffe, Hinweis auf Wirkungsweise, Nebenwirkungen, Lagerungshinweis

10. Was sind Rezepturarzneimittel?

   Dieses sind Arzneimittel, die nach Anweisung des Tierarztes von einem Apotheker hergestellt werden

11. Es gibt Arzneimittel, die der Tierarzt trotz des Dispensierrechts nicht abgeben darf. Nennen Sie drei!

   Er darf keine Impfstoffe, Betäubungsmittel, Stoffe mit hormoneller Wirkung, Anästhesiemittel abgeben

12. Was versteht man unter dem Begriff „Wartezeit“?

   Werden bei Tieren die Lebensmittel liefern Arzneimittel angewendet, müssen die Tierhalter die Wartezeit einhalten, die auf den verkauften Arzneimitteln vermerkt ist. Wartezeit ist die Zeit zwischen letzter Anwendung eines Arzneimittels und der Schlachtung des Tieres

Terminisammlung

LF 11

Septum	*Scheidewand*	Gehirn	*Encephalon*
Atrium dextrum	*rechter Vorhof*	Milz	*Splen, Lien*
Ventrikel sinister	*linke Kammer*	Niere	*Ren, Nephros*
Trikuspidalis	*dreizipflige Segelklappe*	Mandeln	*Tonsillen*
Endocard	*Herzinnenschicht*	Luftröhre	*Trachea*
Myocarditis	*Herzmuskelentzündung*	Eileiter	*Tube*
Pericard	*Herzbeutel*	Harnröhre	*Urethra*
Tibia	*Schienbein*	Prostata	*Vorsteherdrüse*
Scapula	*Schulterblatt*	Mastdarm	*Rectum*
Patella	*Kniescheibe*	Hüftbein	*Os coxae*
Phalanges	*Zehen*	Harnleiter	*Ureter*
Os sacrum	*Kreuzbein*	Leber	*Hepar*
Pelvis	*Becken*	Gallenblase	*Vesica fellea*
Epiphyse	*Zirbeldrüse*	Alveolen	*Lungenbläschen*
Clavicula	*Schlüsselbein*	Luftröhre	*Trachea*
Ulna	*Elle*	Zwerchfell	*Diaphragma*
Pylorus	*Pförtner*	Kniescheibe	*Patella*
Zwölffingerdarm	*Duodenum*	Oberarmknochen	*Humerus*
Leerdarm	*Jejunum*	Schienbein	*Tibia*
Krummdarm	*Ileum*	Speiche	*Radius*
Blinddarm	*Caecum*	kranial	*kopfwärts*
Wurmfortsatz	*Appendix*	bauchwärts	*ventral*
Hypophyse	*Hirnanhangdrüse*	distal	*rumpffern*
Epiphyse	*Zirbeldrüse*	dorsal	*rückenwärts*
Gl. thyreoidea	*Schilddrüse*	hyper	*mehr, hoch*

Anamnese	*Krankheitsvorgeschichte*	diastolischer Wert	*unterer Blutdruckwert (z.Z. der Herzerschlaffung messbar)*
Anatomie	*Lehre vom Bau des Körpers und der Organe*	Disposition	*Krankheitsbereitschaft*
Aorta	*Hauptschlagader*	Dorsum	*Rücken*
Arteria	*führt vom Herzen weg*	Frontalebene	*Ebene parallel zur Stirn*
Assistenz	*Mithilfe*	Gaster	*Magen*
Bronchien	*Luftröhrenäste*	Glandula	*Drüse*
Caput	*Kopf*	Hygiene	*Maßnahmen zur Gesunderhaltung*
caudal	*steiß- oder schwanzwärts*	Intestinum	*Darm*
Cauda	*Schwanz*	intestinal	*zum Darm gehörend*
Cavum oris	*Mundhöhle*	Konstitution	*Veranlagung, Körperverfassung*
Cerebrum	*Gehirn*	Larynx	*Kehlkopf*
Chirurg	*Arzt für operative Behandlungen*	lateral	*seitlich von*
Columna vertebralis	*Wirbelsäule*	medial	*in der Mitte von, zur Mitte hin*
Cor	*Herz*	Medianebene	*Ebene, die den Körper in zwei symmetrische Hälften teilt*
cardial	*zum Herzen gehörend*	Medulla spinalis	*Rückenmark*
Costa	*Rippe*	Nervus	*Nerv*
Cranium	*Schädel*	Neurologe	*Arzt für Krankheiten des Nervensystems*
Desinfektion	*Maßnahmen zum Erlangen von Keimarmut*	Ösophagus	*Speiseröhre*
Diagnose	*Feststellung, Benennung einer Krankheit*	Ovar, Ovarien	*Eierstock, Eierstöcke*
Diastole	*Erschlaffungsphase des Herzens*	Pankreas (das)	*Bauchspeicheldrüse*
		Pathologie	*Lehre von den Krankheiten*
		pathologisch	*krankhaft*

Penis	männliches Glied
Pharynx	Rachen, Schlund
Physiologie	Lehre von den Körperfunktionen
physiologisch	„normal“, regelrecht
Prognose	Vorhersage
Prophylaxe	Vorbeugung,
prophylaktisch	vorbeugend, schützend
Prostata	Vorsteherdrüse
proximal	rumpfnah
Pulmo	Lunge,
pulmonal	zur Lunge gehörend
Rekonvaleszenz	Genesungsphase,
Rhinos, Nasus	Nase
Sagittalebene	Ebene parallel zur Medianebene, (Pfeil)
Sagitta	
Sterilisation	Maßnahmen zur Erreichung von Keimfreiheit; operative Entfernung der Keimdrüsen (Ovarien, Testes)
sterilisieren	keimfrei machen
Symptom	Krankheitszeichen
Systole	Kontraktionsphase des Herzens
systolischer Wert	oberer Blutdruckwert (z.Z. der Herzkontraktion. messbar)
Testis/ Testes	der/die Hoden
Therapie	Behandlung
Thymus	Bries
Transversalebene	Ebene parallel zum Boden, d.h. parallel zu den Fußsohlen
Uterus	Gebärmutter
Vagina	Scheide
ventral	bauchwärts
Venter	Bauch
Vena	führt zum Herzen hin
Dickdarm	Colon
Lehre von den Reaktionen der Seele	Psychologie

Arbeitszeugnis

LF 12

Da Sie ja nicht in Ihrer Praxis bleiben können, erinnern Sie Ihre Chefin daran, Ihnen das Arbeitszeugnis auszustellen, das Sie kritisch prüfen, da Sie in der Berufsschule dieses Thema ausführlich besprochen haben.

Arbeitsauftrag: **Stellen Sie dar, welche Angaben in einem Arbeitszeugnis zu finden sein sollten und was nicht darin stehen darf!**

In einem Zeugnis sollte als erstes Name, Geburtsdatum, Wohnort, Dauer der Beschäftigung und die Funktion der Arbeitnehmerin stehen.

Des Weiteren sollten detailliert alle Aufgaben aufgezeigt werden, die während der Beschäftigung ausgeführt wurden.

Die Beurteilung der beruflichen Kenntnisse und Fähigkeiten, sowie Engagement und spezielle Fertigkeiten sollten ebenso erwähnt werden, wie selbstständiges Arbeiten, Zuverlässigkeit und Verantwortungsbewusstsein und das Verhalten gegenüber Klienten, Patienten, Kolleginnen und dem Arbeitgeber/der Arbeitgeberin. Eine positive Schlussbemerkung mit einem „Dankeschön“ und guten Wünschen für die berufliche Zukunft machen immer einen guten Eindruck.

Auf keinen Fall dürfen in einem Arbeitszeugnis Angaben gemacht werden über Krankheitszeiten, die Anzahl der Urlaubstage, die bereits abgegolten wurden, über Freistellungen aus persönlichen Gründen, über eine Schwerbehinderung, Zugehörigkeit zu Betriebsrat oder Gewerkschaft, finanzierte Fortbildungen, Pünktlichkeit (Vorsicht vor verschlüsselter negativer Aussage!) Höhe der Vergütung, Grund der Beendigung des Arbeitsverhältnisses wenn die Arbeitnehmerin es nicht wünscht, gerichtliche Auseinandersetzungen, Änderung des Zeugnisses, Abmahnungen oder Gehaltsforderungen.

Als besonders negative Beurteilung sind Äußerungen zu bewerten, „in denen jemand sich nach Kräften bemüht hat, Leistungen zu erbringen, die an diesem Arbeitsplatz zu erwarten wären“ (ist ihm leider nicht gelungen!) oder „jemand erfasste das Wesentliche und bemühte sich um eine sinnvolle Lösung“ (leider vergebens!)

Bei Auszubildenden sind Angaben über Art, Dauer, Ziel der Ausbildung und die erworbenen Fertigkeiten und Kenntnisse zu machen.

Bewerbungsmappe

LF 12

Das Ende Ihrer Ausbildungszeit ist erreicht, Sie haben die Prüfung zur Tiermedizinischen Fachangestellten bestanden und bewerben sich nun um einen neuen Arbeitsplatz.

Arbeitsauftrag:

1. **Stellen Sie eine Bewerbungsmappe mit den notwendigen Unterlagen zusammen!**

   In eine Bewerbungsmappe gehören grundsätzlich:

   - *Lebenslauf mit Lichtbild;*
   - *Schul- und Ausbildungszeugnisse;*
   - *Arbeitszeugnisse (nur beglaubigte Kopien und keine Originalzeugnisse verwenden); Praktikumsbestätigungen;*
   - *(nur wenn aufgefordert, ein polizeiliches Führungszeugnis)*

2. **Erläutern Sie, welche Angaben das Anschreiben zur Bewerbung enthalten sollte!**

   Das Anschreiben liegt oben in der Bewerbungsmappe und sollte nicht länger als eine DIN-A4-Seite sein;
   hier werden persönliches Interesse und Qualifikation für die ausgeschriebene Stelle bzw. der eventuelle Arbeitsplatz formuliert;
   sinnvoll ist darauf hinzuweisen, dass man aufgrund der vorhandenen Kompetenz, der Berufserfahrung und der Fortbildungen der Praxis gute Dienste leisten werde;
   die Sätze sollten klar und nicht verschachtelt sein; auf wiederholtes Schreiben in Form von „ich würde", sollte verzichtet werden.
   Notwendige Angaben in dem Anschreiben, das möglichst mit Computer geschrieben werden sollte sind: die eigene Adresse, exakte Anschrift und Ansprechpartner (mit Titel) der Praxis, Ort und Datum, Betreffzeile ohne das Wort „Betreff", sondern die direkte Formulierung des Anliegens, Anrede an den direkten Ansprechpartner;
   Im Text muss zu erkennen sein: worum es geht, die Darstellung der Qualifikation,
   die Hoffnung auf einen Terminvorschlag für ein persönliches Gespräch;
   mit freundlichen Grüßen,
   Unterschrift mit Vor- und Zuname
   und Anlage mit den eingereichten Unterlagen

3. **Gestalten Sie einen Lebenslauf inhaltlich und formal nach Themenblöcken! Achten Sie dabei auf Vollständigkeit und Übersichtlichkeit!**

   Im ersten Themenblock sollten „persönliche Daten" wie Name, Anschrift, Telefonnummer, Geburtsdatum und -ort, Staatsangehörigkeit und Familienstand zu finden sein. Im zweiten Block sollte die „Berufstätigkeit" mit den jeweiligen Arbeitsplätzen und Aufgabengebieten dargestellt werden. Dabei ist der letzte Arbeitgeber zuerst zu nennen. Im Block drei sollten Angaben über die „Ausbildung" bzw. Ausbildungsstätte, Art und Dauer der Ausbildung und erreichte Abschlüsse aufgezeigt werden. Block vier dient der Auflistung von „Fort- und Weiterbildung". Im fünften Block können „weitere Kenntnisse" dargestellt werden und in Block sechs können Angaben zu „Interessen und Hobbys oder außerberuflichem Engagement" genannt werden. Man muss darauf bedacht sein, dass der Lebenslauf lückenlos nachvollziehbar ist und dass am Ende Datum und Unterschrift nicht vergessen werden!

4. **Listen Sie auf, welche Informationen des Lebenslaufs für einen Chef/eine Chefin wichtig sind!**

   Es interessiert diese:
   entsprechen die Daten des Lebenslaufs denen der Zeugnisse und des Bewerbungsschreibens; ist der Lebenslauf lückenlos dargestellt oder fehlen z.B. Bescheinigungen für einzelne Bildungsabschnitte; entspricht die Schulzeit der normalen Dauer oder wurde eine Klasse wiederholt; welcher Schulabschluss liegt vor; wurden z.B. Zeiten zwischen Schulabschluss und Beginn einer Ausbildung als diesbezügliche Vorbereitung genutzt, z.B. durch Berufspraktika; wurden mehrere Ausbildungen begonnen und begründet abgebrochen.

LF 12 Bewerbung/Textbausteine

Arbeitsauftrag:
Machen Sie Vorschläge für so genannte Textbausteine, deren Verwendung als Einleitung zu empfehlen ist bei der Bewerbung einer:

a) Stellenausschreibung

- *auf Grund der telefonischen Vereinbarung vom ... sende ich Ihnen meine Bewerbungsunterlagen mit der Bitte, mich in Ihrer Praxis als ... einzustellen.*
- *in Ihrer Stellenanzeige suchen Sie eine engagierte ... für Ihre Praxis. Die von Ihnen geforderten Qualifikationen in den Bereichen ... haben mein Interesse geweckt.*
- *gerne bewerbe ich mich auf die ausgeschriebene Position als ... Die von Ihnen geforderten Kenntnisse auf den Gebieten ... haben mein besonderes Interesse geweckt.*
- *auf die von Ihnen ausgeschriebene Stelle als ... bewerbe ich mich gern. Der berufliche Schwerpunkt Ihrer neuen Mitarbeiterin sollte im Bereich ... liegen. In meiner ...-jährigen Tätigkeit im ...bereich konnte ich mir alle Kenntnisse aneignen, die für die ausgeschriebene Position notwendig sind.*
- *gern bewerbe ich mich auf die ausgeschriebenen Position als... Die von Ihnen geforderten Kenntnisse auf den Gebieten ... bringe ich mich mit.*
- *die in Ihrer Anzeige geforderten fachlichen Anforderungen kann ich erfüllen, daher bewerbe ich mich bei Ihnen.*
- *auf die von Ihnen ausgeschriebene Stelle beim Arbeitsamt als ... bewerbe ich mich gern, weil ich alle Voraussetzungen erfüllen kann.*

b) Bewerbung in Eigeninitiative

- *vielleicht haben Sie Interesse, eine zuverlässige und engagierte Tiermedizinische Fachangestellte in Ihrer Praxis zu beschäftigen.*
- *ich wende mich an Sie, weil ich hoffe, dass Sie eine qualifizierte, freundliche Tiermedizinische Fachangestellte mit einer positiven Lebenseinstellung brauchen können.*
- *es würde mir Spaß machen, für Ihre Praxis alle anfallenden Tätigkeiten zusammen mit Kollegen oder auch einzeln als Allroundkraft zu übernehmen.*
- *vielleicht gibt es kurz- oder mittelfristig bei Ihnen den Wunsch, eine tatkräftige, belastbare, teamfähige, ausgesprochen zuverlässige Tiermedizinische Fachangestellte für Ihre Praxis einzustellen.*

LF 12 Vorstellungsgespräch

Sie haben sich in einer neuen Praxis beworben und einen Termin für ein Vorstellungsgespräch verabredet.

Arbeitsauftrag:

1. **Listen Sie anhand von Beispielen auf, wie Sie in einem Vorstellungsgespräch mit Ihrer Körpersprache positiv auf sich aufmerksam machen können und was Sie unbedingt vermeiden sollten!**

In einem Vorstellungsgespräch kommt es nicht nur darauf an, was man sagt, sondern auch wie man das Gesagte von sich gibt. Man sollte sich bequem, ohne sich zu fläzen, aufrecht hinsetzen.

Übertriebene Gesten und Bewegungen sollte man vermeiden, da sie viel Unruhe in ein Gespräch bringen und leicht selbstgefällig oder gar theatralisch wirken können. Allerdings sollte man auch nicht wie eine ängstliche Maus eingesunken auf dem Stuhl sitzen. Man muss also einen guten Mittelweg finden, um den zukünftigen Chef oder die Chefin von der eigenen Aufgeschlossenheit und Vitalität überzeugen. Dieses gelingt, wenn man das Gesagte mit kleinen Gesten unterstreicht und sich z.B. beim Reden über interessante Themen und relevante Praxisgegebenheiten mit dem Oberkörper leicht nach vorn beugt. Um seine Aufgeschlossenheit zur Geltung zu bringen, sollte man wichtige Aussagen mit geöffneten Händen unterstreichen. Allerdings sollte man sich auch nicht verstellen, denn dieses wirkt leicht unnatürlich. Ein natürliches und gesundes Selbstbewusstsein überzeugt am ehesten.

Auf keinen Fall sollte man die Arme vor dem Körper verschränken, denn das macht deutlich, dass man nicht offen für sein Gegenüber ist und auf Distanz geht. Auch sollte man nicht die Hände zu Fäusten ballen, da dies auf einen verschlossenen und angespannten Eindruck schließen lässt. Genauso sollte man es vermeiden, sich auf die Hände zu setzen, da dieses statisch und unbeweglich wirkt. Auch sollte ein dauerhaftes Herumrutschen auf dem Stuhl unterbleiben, da es einen unruhigen Eindruck erweckt. Permanentes nervöses Hantieren mit den Händen, z.B. an der Nase reiben oder an den Haaren drehen, ruft leicht bei dem Anderen eine ablehnende Haltung hervor. Man sollte auch nicht den Kopf und Körper schlaff hängen lassen, da es einen demütigen und resignierten Eindruck hervorruft. Der Körper sollte eine gesunde Grundspannung aufweisen, ohne verspannt auszusehen.

2. Ihr zukünftiger Chef macht in dem Vorstellungsgespräch ganz deutlich, dass der Ruf seiner tierärztlichen Praxis nicht nur von der fachlichen Qualität der Tierärzte/Tierärztinnen die dort arbeiten bestimmt wird, sondern auch von den tiermedizinischen Angestellten, die als Erste mit den Patientenbesitzern telefonisch oder persönlich in Kontakt treten.

Er bittet Sie, sich zu folgenden Fragen zu äußern!

a) Welche Erwartungen hat man an die TFA hinsichtlich ihres Umgangs mit Klienten und Patienten?

Man erwartet von einer TFA, dass sie sich freundlich, hilfsbereit und souverän im Umgang mit Klienten und Patienten verhält.

b) Welche Folgen, können durch ein unprofessionelles Verhalten zwischen Klienten und Angestellten einer tierärztlichen Praxis entstehen?

Durch unprofessionelles Verhalten zwischen den Angestellten einer Tierarztpraxis und den Klienten kann es zu Reibungen und Unzufriedenheit kommen, durch die der Tierarzt/die Tierärztin verärgert ist und die Kunden sich eine andere Praxis suchen und somit Ihrer Praaxis ein wirtschaftlicher Schaden entsteht.

c) Was erwartet man im Interesse eines positiven Images einer Praxis neben den fachlichen Qualifikationen von den Angestellten?

Tierbesitzer legen großen Wert darauf, dass neben den fachlichen Qualifikationen einer Praxis auch angenehme Umgangsformen und entsprechende Kommunikation eingehalten werden.

d) Welche Möglichkeiten haben Sie, um sich weiter fortzubilden?

Fortbildungen werden regional und überregional angeboten. Neben dem Verband medizinischer Fachberufe e.V. (früher BdA, Berufsverband für Arzt-, Zahnarzt- und Tierarzthelferinnen e.V.) bieten verschiedene Firmen oder auch Schulen Fortbildungen an.

e) Welche Themen bieten sich inhaltlich als Fortbildungsveranstaltungen für eine TFA an?

Die Themen umfassen ein breites Spektrum und reichen von Ernährungsberatung über Laborarbeit im Allgemeinen und bei besonderen Tierspezies, Injektionstechniken, Röntgen, Konflikt- und Praxismanagement, Hygienemaßnahmen, Instrumentenaufbereitung, spezielle Krankheitslehre, Verbände, Euthanasie, Abrechnungswesen und vieles mehr.

Arbeitgeber möchten in einem Vorstellungsgespräch gern von einem Bewerber/-in wissen, wie der berufliche Werdegang war, welche Wünsche und Ziele im Hinblick auf den Beruf gestellt werden, welche allgemeinen Interessen es gibt; wichtig für den Arbeitgeber sind Informationen über den Berufswunsch und die Zukunftsperspektiven, der besonderen Wertschätzung des Berufes, das Interesse an seiner Praxis und der Position, der besonderen Qualifikation für die ausgeschriebene Stelle, der möglichen Einarbeitungszeit, die Gründe sich für den Bewerber zu entscheiden;

3. Bereiten Sie sich selbst auf Fragen vor, die Sie Ihrem neuen Chef stellen können!

Fragen zur Praxis bezüglich der Arbeitsweise, des Arbeitsrhythmus (Arbeitszeiten, Schichtdienst, Sonntags- bzw. Wochenenddienst), des Führungsstils hinsichtlich der Entscheidungsfindungen, des Handlungsspielraums bezüglich der eigenständigen Arbeit, der technischen Ausstattung, der Einarbeitungszeit, der Besichtigung der Praxisräume und des Arbeitsplatzes, der Praxisorganisation, der Anzahl der Mitarbeiterinnen sind legitim und machen das Interesse der Bewerberin deutlich.

Teamarbeit

LF 12

In dem Vorstellungsgespräch macht Ihnen der neue Praxisinhaber deutlich, dass er großen Wert auf ein gut eingespieltes Team legt, auf das er sich verlassen kann. Deshalb finden an einem Tag der Woche Teamsitzungen in seiner Praxis statt, um genaue Organisationen und Planungen abzusprechen und Praxisarbeit und Praxisabläufe so effektiv wie möglich zu gestalten. Er bittet Sie um eine Stellungnahme zu diesem Vorgehen.

Arbeitsauftrag:
Erläutern Sie ihm, was der/die Einzelne dazu beitragen muss, damit dieses Ziel innerhalb des Teams erreicht werden kann und welche Verhaltensweisen nicht förderlich für ein gutes Betriebsklima sind!

Im Einzelnen bedeutet dieses, dass die täglichen Einsatzpläne der einzelnen Mitarbeiter ebenso effektiv gestaltet werden sollten wie Urlaubs-, Vertretungspläne oder Notdienstbereitschaften.
In einem gut geplanten Konzept mit wechselseitiger Aufgabenverteilung weiß jeder Mitarbeiter und jede Mitarbeiterin, was er/sie zu tun hat. Reibereien und Konkurrenzverhalten werden weitgehend ausgeschlossen.
Ein gutes Praxisteam zeichnet sich durch gegenseitigen Verlass aufeinander und gute Kommunikation aus.
In einer erfolgreichen Kommunikation ist allerdings auch ein gesundes Selbstwertgefühl notwendig. Dazu gehört, dass man sich selbst, sowie seine Mitmenschen ernst nimmt.
Eine gute und effektive Praxisarbeit klappt nur, wenn jeder im Team auf die Kolleginnen und Kollegen Rücksicht nimmt, wenn man einander zuhört und andere aussprechen lässt; wenn man selbst in der Lage ist, Kritik anzunehmen und entsprechend kritikfähig gegenüber anderen zu sein, ohne diese persönlich zu verletzen.
Von jedem Einzelnen wünscht man sich, dass Arbeiten, die man ihm übertragen hat, in einer vorgegebenen Zeit geschafft werden und man sich nicht unnötig lange damit aufhält. Ist man mit seiner Arbeiten fertig, so ist es in einem gut funktionieren Team selbstverständlich, dem anderen zu helfen.
Persönlicher oder telefonischer Kontakt mit Patienten setzt voraus, dass man freundlich, zuvorkommend und hilfsbereit ist, und nicht durch patziges, nörgelndes oder anmaßendes Benehmen die Klienten vertreibt.
Eigene Überheblichkeit und Selbstüberschätzung führen sehr schnell zu Unsicherheit und Unzufriedenheit und zu einem schlechten Betriebsklima.
Klienten bemerken sehr schnell, wie gut ein Team zusammenarbeitet und welche Atmosphäre in einer Praxis herrscht.
Kommt es zu permanenten Störungen, so wird ein Klient sich sehr gut überlegen, ob er diese Praxis auch noch in Zukunft aufsucht. Für ihn ist ein gut organisiertes, aufmerksames und motiviertes Team ein Grund zur Zufriedenheit, um sein Tier auch weiterhin einer Praxis anzuvertrauen.

Arbeitsvertrag

LF 12

Sie haben sich in einer neuen Praxis beworben und nach dem Vorstellungsgespräch, in dem Sie einige mündliche Absprachen getroffen haben, die Zusage erhalten, dass Sie dort eingestellt werden.

Arbeitsauftrag:

1. **Nennen Sie allgemeingültige Vorschriften für einen Arbeitsvertrag!**

   Laut §2 (1) Nachweisgesetz (NachwG) hat der Arbeitgeber spätestens einen Monat nach dem vereinbarten Beginn des Arbeitsverhälnisses die wesentlichen Vertragsbedingungen schriftlich niederzulegen, zu unterzeichnen und dem Arbeitnehmer auszuhändigen.

2. **Erstellen Sie eine Übersicht über die Daten, die in einen Arbeitsvertrag gehören!**

   In einen Arbeitsvertrag sind einzutragen:
   Namen und Anschriften der Vertragspartner, das Datum des Beginns des Arbeitsverhältnisses, der Ort der Arbeit, ggf. verschiedene Orte, die Bezeichnung oder Beschreibung der zu leistenden Tätigkeit, die Höhe und Zusammensetzung des Arbeitsentgelts einschließlich der Prämien, Zulagen, Sonderzahlungen und Zuschläge sowie andere Bestandteile des Entgelts und deren Fälligkeit, die vereinbarte Arbeitszeit, die Dauer des jährlichen Urlaubs, die Fristen für eine Kündigung des Arbeitsverhältnisses, ein Hinweis auf Tarifverträge, Betriebs- und Dienstvereinbarungen, die auf das Arbeitsverhältnis anzuwenden sind.

3. **Erläutern Sie den Unterschied zwischen einem Manteltarifvertrag und einem Gehaltstarifvertrag!**

   Der Manteltarif enthält allgemeine Regelungen; er bildet somit den „Mantel" der spezielleren Tarifverträge und hat meist eine längere Laufzeit als Lohn- und Gehaltstarifverträge.
   Er regelt z.B. Zuschläge für Mehr-, Nacht- und Schichtarbeit; Arbeitszeitregelungen, Regelungen zu Krankheit, Krankmeldung und Lohnfortzahlung, Dauer des Urlaubs, Arbeitsbedingungen, Einstellungs- und Kündigungsbedingungen, vermögenswirksame Leistungen, Bestimmungen zum Rationalisierungsschutz und zur Qualifizierung;
   Der Gehaltstarifvertrag regelt die Gehälter für Voll- und Teilzeitbeschäftigte, Ausbildungsvergütung, betriebliche Altersversorgung, Zuschläge, Abrechnungen.

Sozialversicherungsabgaben/ Altersversorgung

LF 12

Sie freuen sich, dass Sie demnächst nicht mehr nur Ihre Ausbildungsvergütung zur Verfügung haben werden, machen sich aber auch Gedanken darüber, was Sie dann selbst oder Ihr Arbeitgeber an die einzelnen Sozialversicherungen prozentual abführen müssen.

Arbeitsauftrag:

1. **Geben Sie für die Sozialversicherungen den jeweiligen Träger und die zu erbringenden Leistungen an!**

Rentenversicherung

Träger: *Deutsche Rentenversicherung; (Bundesträger, regionale Träger)*

Leistungen: *Renten, medizinische und berufsfördernde Maßnahmen zur Erhaltung/ Wiederherstellung der Erwerbsfähigkeit*

Krankenversicherung

Träger: *gesetzliche Krankenkassen*

Leistungen: *bei Krankheit, zur Verhütung und Früherkennung von Krankheiten; sonstige Leistungen wie z.B. medizinische Hilfsmittel*

Pflegeversicherung

Träger: *Pflegekassen der Krankenkassen*

Leistungen: *Sachleistungen und Pflegegeld (drei Stufen)*

Arbeitslosenversicherung

Träger: *Bundesagentur für Arbeit*

Leistungen: *arbeitsmarkt- und beschäftigungspolitische Aufgaben; Arbeitslosengeld I und II*

Unfallversicherung

Träger: *Berufsgenossenschaften*

Leistungen: *Leistungspflicht bei Arbeitsunfällen, Wegeunfällen, Berufskrankheiten, Verhütung von Arbeitsunfällen und Berufskrankheiten*

2. **Tragen Sie in die Tabelle die aktuellen Prozentsätze der einzelnen Versicherungen ein!**

Versicherung	% Arbeitgeber	% Arbeitnehmer
Rentenversicherung	*9,95%*	*9,95%*
Krankenversicherung	*ca. 7% je nach Krankenkasse*	*ca. 7% je nach Krankenkasse + Sonderbeitrag 0,9%*
Pflegeversicherung	*0,975%*	*0,975% + 0,25% für Kinderlose über 23 Jahre*
Arbeitslosenversicherung	*1,65%*	*1,65%*
Unfallversicherung	*branchenabhängig*	*kein Beitrag*

3. **Nennen Sie weitere Abzüge vom Bruttogehalt!**

Lohnsteuer, Solidaritätszuschlag, evtl. Kirchensteuer, vermögenswirksame Leistungen

4. **Erläutern Sie kurz, was durch diesen Vertrag geregelt wird!**

Der Vertrag regelt den Aufbau einer betrieblichen Altersversorgung durch einen Arbeitgeberbeitrag.

5. **Tragen Sie in die folgende Tabelle die Beträge ein, die die jeweiligen Arbeitnehmer erhalten!**

Gruppe	monatlicher Betrag, zusätzlich zu vermögenswirksamen Leistungen	monatlicher Betrag anstelle der vermögenswirksamen Leistungen
Arbeitnehmer mit regelmäßiger durchschnittlicher Arbeitszeit von 18 Stunden wöchentlich und mehr	*20 €*	*56 €*
Arbeitnehmer mit regelmäßiger durchschnittlicher Arbeitszeit von weniger als 18 Stunden/Woche	*10 €*	*28 €*
Auszubildende nach der Probezeit	*20 €*	*38 €*

Kündigung

LF 12

Fallbeispiel

Ihre Schwester hat Ihnen völlig deprimiert mitgeteilt, dass ihr Mann verzweifelt sei, da er befürchte die Kündigung zu erhalten, weil betriebsbedingte Gründe dazu Anlass gäben, Arbeitsplätze wegen Umsatzrückgangs abzubauen.

Arbeitsauftrag:

1. **Nennen Sie Gründe, warum ein Arbeitsverhältnis grundsätzlich beendet werden kann!**

   Durch: einen Aufhebungsvertrag, Kündigung bei unbefristeten Verträgen, Zeitablauf bei befristeten Verträgen, Tod eines Arbeitnehmers, Erreichen der Altersgrenze (Rente)

2. **Nennen Sie Gründe, die betriebsbedingte Kündigungen rechtfertigen!**

   Umsatzrückgang, Gewinnrückgang, Arbeitsmangel, Umorganisation

3. **Entscheiden Sie laut Kündigungsschutzgesetz § 1, welcher der Personen zuerst gekündigt werden darf ohne als sozial ungerechtfertigt zu gelten!**

Person	Betriebszugehörigkeit in Jahren	Alter	unterhaltspflichtig	schwerbehindert
Herr A	14	32	verheiratet	nein
Herr B	23	54	verheiratet, 3 Kinder	nein
Frau C	3	24	ledig, schwanger	nein
Herr D	12	30	geschieden, 2 Kinder	nein
Frau E	7	28	ledig, Mitglied im Betriebsrat	nein
Herr F	8	25	verheiratet, 1 Kind, Elternzeit	nein

Person A darf als erster gekündigt werden, weil Frau C schwanger, Frau E Mitglied des Betriebsrates und Herr F in Elternzeit ist. Bei Herrn B und D kommen mehr „Sozialpunkte" zum Tragen.

4. **Geben Sie die gesetzliche Kündigungsfrist für Arbeitnehmer an, die laut BGB, § 622(1) bei einer fristgemäßen, ordentlichen Kündigung festgelegt ist!**

   Das Arbeitsverhältnis eines Arbeiters oder Angestellten (Arbeitnehmer) kann mit einer Frist von vier Wochen zum Fünfzehnten oder zum Ende eines Kalendermonats gekündigt werden.

5. **Es gibt Gründe für Arbeitnehmer und Arbeitgeber, die eine außerordentliche Kündigung rechtfertigen. Nennen Sie diese!**

   Arbeitnehmer: *Tätlichkeit, Beleidigung, keine Bezahlung durch den Arbeitgeber*

   Arbeitgeber: *Diebstahl, Betrug, Unterschlagung, Arbeitsverweigerung, Tätlichkeit, Verlassen des Arbeitsplatzes, Vorlegen falscher Zeugnisse, vorsätzliche Beschädigung von Eigentum durch den Arbeitnehmer*

6. **Welche Unterlagen müssen einem Arbeitnehmer vom Arbeitgeber nach dem Ausscheiden aus dem Betrieb ausgehändigt werden?**

   Auszuhändigen sind: Lohnsteuerkarte, Sozialversicherungsnachweis, Urlaubsbescheinigung, Arbeitszeugnis

Ingrid Köthe

Arbeitsbücher für die Tiermedizinische Fachangestellte

Band 1–3
21,0 × 29,7 cm, kartoniert
je € 14,90

Bd. 1–3 im Set nur € 39,90
ISBN 978-3-89993-051-1

Das dreibändige „Arbeitsbuch für Tiermedizinische Fachangestellte" orientiert sich an der neuen Lernfeldkonzeption mit zwölf Lernfeldern. Der Schwerpunkt liegt bei den medizinischen Inhalten der Ausbildung.

- Für den Unterricht an der Berufsschule
- Unterrichtsinhalte selbstständig nacharbeiten und überprüfen
- Effektiv auf Klassenarbeiten und Prüfungen vorbereiten
- Die optimale Ergänzung zum Standardlehrbuch „Die Tierarzthelferin"
- Mit Lösungen!

Mit Fallbeispielen, Abrechnungsübungen, Multiple-Choice-Aufgaben, Kreuzworträtseln, Lückentexten, Lernkarten zum Einprägen der Fachbegriffe, Abbildungen zum Beschriften und Lösungen.

Band 1: Lernfeld 1–4
224 Seiten
ISBN 978-3-89993-042-9

Band 2: Lernfeld 5–8
168 Seiten
ISBN 978-3-89993-045-0

Band 3: Lernfeld 9–12
208 Seiten
ISBN 978-3-89993-046-7

Stand November 2008. Änderungen vorbehalten.

schlütersche